王忠超 编著

商务PPT
的说服之道

U0311942

机械工业出版社
CHINA MACHINE PRESS

在商务活动中，用 PPT 做演示是一个重要的环节。在制作和演示 PPT 的时候，您是否曾面对满屏的文字不知如何精简和表达？是否曾面对众多的 PPT 模板却无从选择？本书依据制作 PPT 的完整流程，按从制作前的分析、制作中的设计到制作后的演示顺序，结合企业实际案例，介绍了常用的 PPT 设计工具和方法。

　　本书适合企业白领、商务人员、政府公务人员、培训师和即将步入职场的学生阅读，希望本书能帮助读者提升 PPT 制作的技能，促进商务信息的有效演示。

图书在版编目（CIP）数据

商务 PPT 的说服之道／王忠超编著 . —北京：机械工业出版社，2017.6 （2019.1 重印）

　　ISBN 978-7-111-56917-6

　　Ⅰ. ①商…　Ⅱ. ①王…　Ⅲ. ①图形软件—基本知识

Ⅳ. ①TP391. 412

中国版本图书馆 CIP 数据核字（2017）第 094002 号

机械工业出版社（北京市百万庄大街 22 号　邮政编码 100037）

策划编辑：杨　源　责任编辑：杨　源
责任校对：杨　源　责任印制：孙　炜
北京利丰雅高长城印刷有限公司
2019 年 1 月第 1 版第 4 次印刷
169mm×239mm · 13. 25 印张 · 299 千字
7801—9700 册
标准书号：ISBN 978-7-111-56917-6
定价：59. 90 元

凡购本书，如有缺页、倒页、脱页，由本社发行部调换

电话服务	网络服务
服务咨询热线：010-88361066	机工官网：www. cmpbook. com
读者购书热线：010-68326294	机工官博：weibo. com/cmp1952
010-88379203	金 书 网：www. golden-book. com
封面无防伪标均为盗版	教育服务网：www. cmpedu. com

前　言

随着计算机和办公软件的应用越来越普及，在工作中需要做商务演示和汇报的场合越来越多了。如何快速制作出逻辑清晰、重点突出、兼具形象化和动态化相结合的演示报告，是很多职场人士和即将踏入职场的学生面临的挑战。

微软公司推出的 Office 办公系列软件中的 PowerPoint，是目前使用最广泛的演示软件。本书以 PowerPoint 为工具，结合职场实际应用，向读者介绍 PPT 报告制作前的场景分析，制作中用到的工具、技巧和资源，制作后的演示呈现方式，以提高读者制作设计和演示 PPT 的能力。

本书内容

本书针对商务 PPT 设计和演示中会遇到的问题，从实用性的角度出发，通过大量的实用案例介绍软件中各种工具的使用方法和技巧，旨在引导读者掌握商务 PPT 设计和展示方法，提升演示说服力。

全书共分为 11 章，其中第 2 章至第 10 章的内容分别是从前期分析、设计制作和演示汇报 3 个阶段来介绍的。

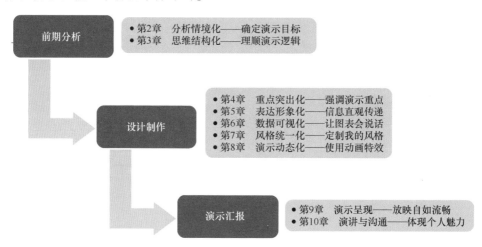

第 1 章　演示的基础，介绍了 8 种演示场合、5 种演示工具、商务 PPT 不恰当的 5 种形式和学习制作商务 PPT 的 3 种途径。

第 2 章　分析情境化——确定演示目标，针对商务 PPT 演示汇报常见的 13 个问题，总结出设计制作前的目标分析、受众分析、资源分析和场景分析。

第 3 章　思维结构化——理顺演示逻辑，介绍了工作汇报中结构化的应用示例、结构化思维的四大原则、7 种常见的逻辑结构和结构化的软件工具。

第 4 章　重点突出化——强调演示重点，介绍了 5 种重点突出的方法，分别是颜色突出法、标注突出法、文字突出法、归纳突出法和标题突出法。

第 5 章　表达形象化——信息直观传递，从 SmartArt、图片、形状、表格、图标和地图 6 个方面，详细介绍信息表达的形象化。

第 6 章　数据可视化——让图表会说话，介绍了使图表具有商务气质的 3 个因素、13 种定量分析图表和 5 种定量分析图表，以及图表模板应用和图表资源推荐。

第 7 章　风格统一化——定制我的风格，主要从母版、布局、配色和主题四个方面介绍商务 PPT 风格的调整和定制。

第 8 章　演示动态化——使用动画特效，介绍常规动画效果设置，SmartArt 和图表两种特殊动画效果和平滑切换（变体）的新增效果。

第 9 章　演示呈现——放映自如流畅，从演示前的准备开始，介绍放映的快捷方式，文件的链接、打包、嵌入和缩放定位，以及 PPT 播放时的双屏播放。

第 10 章　演讲与沟通——体现个人魅力，简要介绍演讲中的开场白、声音运用、姿势与动作的辅助，以及如何结束演讲。

第 11 章　附录——模型、图示与插件，介绍了 7 种常见商务分析模型、8 类商务 PPT 图示和 4 款 PPT 插件推荐。

本书特点

全书内容丰富、结构清晰，结合作者多年授课和咨询经验，为读者详细介绍了商务 PPT 分析、设计和演示的方法与技巧。

本书主要有以下特点：

- 注重职场实用性：书中介绍的工具和方法都是工作中经常会遇到的。
- 结合商务案例：书中列举的 PPT 示例大多数取材于作者深度参与的咨询项目或知名企业的 PPT 分析报告。
- 非技术型书籍：本书摒弃了详细列举操作步骤的撰写方法，更多的是从工具、建议和示例的角度来进行介绍的，让读者在实际应用中可以借鉴参考。

本书适合对象

本书不是从零开始介绍软件操作详细步骤的技术书籍，适合有一定 PowerPoint 软件基础的职场人士阅读，对于关键操作步骤会用截图展现，希望能帮助读者在制作 PPT 报告时开阔思路，了解工具，掌握方法，实现成功的商务演示和汇报。

感谢

本书从 2016 年 11 月份开始编写，这期间爱人也经历了怀孕后期的不适、生产剖腹的疼痛和月子中照顾女儿的辛劳。本书的顺利完成，要感谢爱人张莹的理解和支持，感谢儿子 Nick 对爸爸新书的期待。

反馈

书中难免有错误和疏漏之处，希望广大读者朋友批评、指正。可以通过邮箱 wzhchvip@ 163. com 联系我。本书的提高和改进离不开读者的帮助和时间的考验。

王忠超
2017 年 4 月

王忠超

北京科技大学　MBA

北大纵横管理咨询公司　合伙人

微信公众号"Office 职场训练营"创始人

　　具有 15 年企业 Office 实战培训经验和 10 年企业管理咨询经验，特色课程有：

"Excel 提升职场效能"

"Excel 提升 HR 管理效能"

"商务 PPT 演示说服力"

目　录

第1章
演示的基础

在当今社会，给职场人士做演示已成为必不可少的业务之一。演示是一种有效传达自己思想的交流手段。做好演示资料是前提，能有效传达你的观点、数据和方法，才是决定商务演示成败的关键。

1.1　演示的场合

工作中做商务演示的场合有很多，最常见的就是工作总结和近几年流行的新产品发布会，如图1-1所示。

	16 GB	32 GB	64 GB
WiFi	$499	$599	$699
WiFi + 3G	$629	$729	$829

图1-1　产品发布会

其实仔细想想，演示基本涵盖了商务工作的方方面面。这里简单总结了一下，主要有8种场合，如图1-2所示。

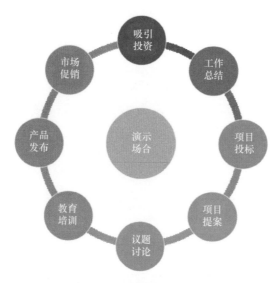

图 1-2　演示的场合

1.2　演示工具

演示的工具有很多，常见的有 5 种，如图 1-3 所示。

图 1-3　5 种常见的演示工具

下面对这 5 种演示工具的特点进行简单总结，如表 1-1 所示。

表 1-1　5 种演示工具的主要特点

序　号	软　件	主要特点
1	PowerPoint	商务演示应用最广泛，容易操作
2	WPS	金山公司出品的类似 PowerPoint 的演示工具
3	Keynote	Mac 系统上的演示工具，目前没有 Windows 版本。动画特效很棒，但很多需要苹果硬件支持
4	Prezi	它是一种主要通过缩放动作和快捷动作使想法更加生动有趣的演示文稿软件，以路线的呈现方式，从一个物件拉到另一个物件，配合旋转等动作展示
5	NovaMind	把思维导图和幻灯片功能结合在一起

PPT（Microsoft Office PowerPoint）是微软公司的演示文稿软件。用户可以在投影仪或者计算机上进行演示，也可以将演示文稿打印出来。利用 Microsoft Office PowerPoint 不仅可以创建演示文稿，还可以在互联网上召开面对面会议、远程会议或在网上给观众展示演示文稿。PPT 文档扩展名为 .ppt 或 .pptx，也可以保存为 PDF 和图片格式等。在 PowerPoint 2010 及以上版本中，可保存为视频格式。演示文稿中的每一页称为幻灯片，通过一页一页演示幻灯片内容来辅助演讲或汇报。

1.3　商务 PPT 不恰当的 5 种形式

人们在工作中常常看到的 PPT 报告，往往在主题、格式、颜色等方面使用不当，或者文字与图表没有很好地结合。以下列举有代表性的 5 种不恰当的 PPT 报告形式，在工作中尽可能避免出现这样的效果。

1. 格式混乱型 PPT

这种类型的 PPT 一般没有固定的配色，字体大小和颜色也不统一，形状随意添加，整体格式与主题没有必然的联系，如图 1-4 所示。

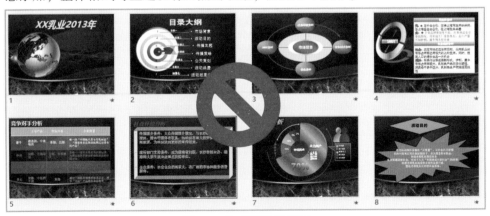

图 1-4　格式混乱型 PPT

2. 纯文字型 PPT

这种类型的 PPT 往往是从 Word 文档中复制过来的，没有经过归纳提炼，没有图形和表格，对观众来说是特别抵触的，如图 1-5 所示。

图 1-5　纯文字型 PPT

3. 纯图表型 PPT

这种类型的 PPT 页面上不是数据表格，就是数据图表，常用于定期的指标统计，没有解释说明，没有分析总结，前提是制作和观看 PPT 的人对表达的内容非常熟悉，否则很容易产生歧义。因为不同的人对同一内容都有自己的理解，如图 1-6 所示。

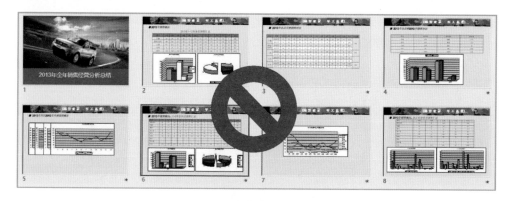

图 1-6　数据图表型 PPT

4. 主题混乱型 PPT

这种类型的 PPT 一般是从不同的模板中复制过来的图形，配色和字体不规范，使用了多个主题母版，从而 PPT 背景也会出现多个样式，整体 PPT 风格不统一，如图 1-7 所示。

图 1-7　主题混乱型 PPT

5. 滥用颜色型 PPT

这种类型的 PPT 的配色没有经过系统的设计优化，背景颜色和字体颜色相近，导致观众看不清楚页面上的文字和图表，如图 1-8 所示。

图 1-8　滥用颜色型 PPT

一个成功的 PPT 演示汇报，能把听众感兴趣的内容以通俗易懂的方式展现出来，将汇报者的观点清晰、顺畅地传递给对方，对方对你传递的信息印象深刻，甚至能按照你的 PPT 采取行动。

对于商务报告 PPT 来说，主要从内容和形式两个方面来规范，内容上达到逻辑清晰、观点明确和论据充分，形式上达到易于阅读、图表结合和风格统一，如图 1-9 所示。

图 1-9　商务报告 PPT 规范要求

1.4　学做商务 PPT 的 3 种途径

学做 PPT 的途径有很多，如培训课程、网络、公众号文章、书籍等都是常规的学习途径。下面就以身边媒体、IPO 路演和咨询公司 3 种途径为例来介绍。

1.4.1　向身边媒体学习

1. 期刊

期刊杂志人们平时接触很多，但又有谁从期刊杂志中受到启发，用来作为 PPT 学习对象呢？财经类期刊版式设计并不像时尚杂志那么花哨，但也可以从中挖掘做 PPT 需要的东西，毕竟每一本期刊杂志都是经过设计师的辛苦创作的。

例如下面的《哈佛商业评论》和《北大商业评论》，除了可以阅读杂志中的文章内容，还可以借鉴杂志封面的颜色和版式布局来制作 PPT。

《哈佛商业评论》封面经典的商务蓝可以作为 PPT 的主色调，同时采取左下和右上的布局，如图 1-10 所示。

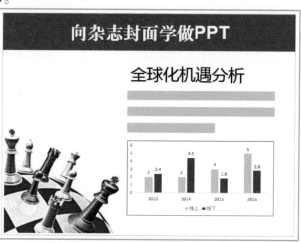

图 1-10　向《哈佛商业评论》学做 PPT

《北大商业评论》封面的翠绿色也可以作为 PPT 的主色调，对比色采用紫红色，同时采取左图右文的版式布局。如图 1-11 所示。

图 1-11　向《北大商业评论》学做 PPT

2. 地铁广告

最近一段时间在地铁里经常可以见到设计精美的广告，这些广告也可以用手机拍下来作为 PPT 设计的学习资源。地铁广告的尺寸和 PPT 差不多，所以参考它的设计是很好的学习途径。

Less is more，页面上的内容越简单，越容易吸引人注意。用大号加粗的文字来突出展示表达的观点，有点"高桥流"的风格。如图 1-12 所示。

图 1-12　地铁广告简单文字页面

采用 2 行 3 列的照片墙，来展现这些手工匠人，如图 1-13 所示。

图 1-13　地铁广告 2 行 3 列照片墙

采用经典的左右布局，并且是左图右表的方式，如图 1-14 所示。

图 1-14　地铁广告左图右表布局

3. 影视作品

"一卷风云琅琊榜，囊尽天下奇英才。"除了剧情吸引人，画面也是给了观众很好的视觉感受，那么《琅琊榜》到底为什么这么"好看"？

图 1-15 就是剧中常出现的一类——对称式构图。画面两边对称，符合中国传统的对称美。这种对称可以用在 PPT 版式布局上，形成左右对称布局。

图 1-15 向影视作品学做 PPT

除了影视作品本身，还可以多关注影视作品对应的宣传海报。还以《琅琊榜》为例，图 1-16 所示的宣传海报采取横向四段式排列，展现 4 个人物的不同气势。这种方式也可以应用在 PPT 中，用 SmartArt 来展现四大城市的业务。

图 1-16 向影视海报学做 PPT

可见，生活中处处有学习的对象，只要善于发现，并加以利用和改造，就能给自己打造一份好的 PPT 作品。

1.4.2 向 IPO 路演学习

首次公开发行股票（Initial Public Offering，IPO）。IPO 指的是公司首次向社会公众投资者发行的证券——通常是普通股票。路演，源自于英文 Road Show，是国际上通用的证券发行推广方式，是指证券发行商在发行前针对可能的投资者进行的巡回推介活动。

在路演活动中，发行商将展示发行证券的价值，加深投资者的认知程度，并从中了解投资人的投资意向，发现需求和价值定位，确保证券的成功发行。路演的目的是促进投资者与股票发行人之间的沟通和交流，以保证股票的顺利发行。

本书建议读者多看看 IPO 路演的 PPT 报告，特别适合做业务规划、经营分析和商业计划书等。一般路演的 PPT 报告在 20～35 页，需要包含公司的业绩、产品、发展方向等，充分阐述上市公司的投资价值，让准投资者们深入了解具体情况，并在路演时回答机构投资者关心的问题。

从 IPO 路演 PPT 中可以学到颜色搭配、图表应用、目录导航和摘要页面等方面的制作技巧。如图 1-17 和图 1-18 所示。

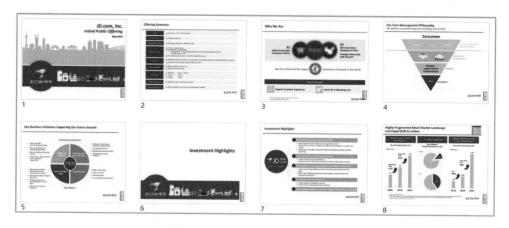

图 1-17　京东 IPO 路演部分 PPT

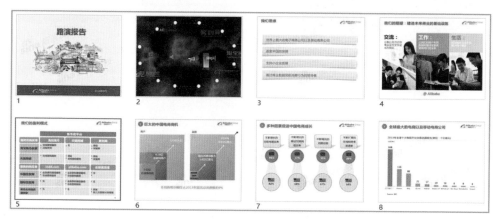

图 1-18　阿里巴巴 IPO 路演部分 PPT

1.4.3　向咨询公司学习

企业管理咨询是帮助企业和企业家，通过解决管理和经营问题，鉴别和抓住新机会，强化学习和实施变革以实现企业目标的一种独立的、专业性咨询服务。它是由具有丰富的经营管理知识和经验的专家，深入到企业现场，与企业管理人员密切配合，运用各种科学方法，找出经营管理上存在的主要问题，进行定量及定性分析，查明产生问题的原因，提出切实可行的改善方案并指导实施，以谋求企业坚实发展的一种改善企业经营管理的服务活动。其任务主要有：

一是帮助企业发现生产经营管理上的主要问题，找出原因，制定切实可行的改善方案。

二是指导改善方案的实施。

三是传授经营管理的理论与科学方法，培训企业各级管理干部，从根本上提高企业的素质。

为什么选择咨询公司的 PPT 来学习？除了作者自己在这个行业拥有 10 余年的工作经验以外，还因为咨询公司项目组最终提交给客户的内容本质上是一种知识产品。常常把知识固化在 Office 文档这个载体上，主要是 PPT 文档，还有 Word 和 Excel 文档等。所以咨询公司的 PPT 制作要求通常要高于其他行业，其 PPT 模板也通常被其他公司效仿。

在这里简要示意有代表性的国际管理咨询公司的 PPT 报告效果，如图 1-19 和图 1-20 所示。

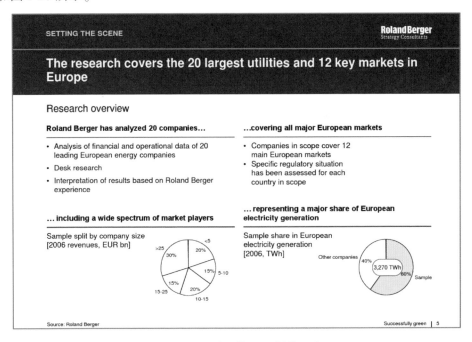

图 1-19　罗兰贝格 PPT 报告示意

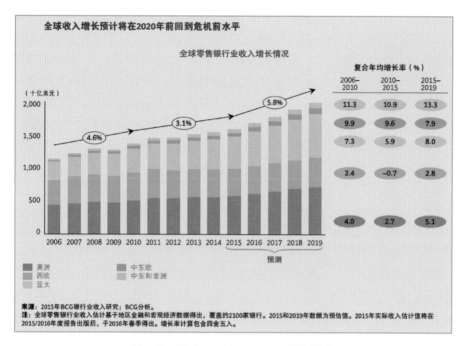

图 1-20　波士顿（BCG）PPT 报告示意

从以上示意中，可以看出咨询公司 PPT 报告在标题、图表、形状和版式布局方面的规范应用。

第 2 章
分析情境化——确定演示目标

一般在做 PPT 演示汇报前，常常要考虑很多问题：

1) 为什么要做这次演示？

2) 最需要传递的是什么？

3) 是阅读型 PPT 还是演讲型 PPT？

4) 我要说服谁？

5) 他们对我演示的内容了解到什么程度？

6) 他们最希望了解什么？

7) 我有哪些资料可以利用？

8) 有哪些人可以帮助我？

9) 我有多少时间可以使用？

10) 这是单次演示，还是系列演示的一次？

11) 演示需要多长时间？

12) 在什么场合进行演示？

13) 有哪些工具设备可以利用？

这只是一个问题列表，还没有把问题结构化，下面对问题进行整理分类，把上面的 13 个问题分成目标、受众、资源和场景 4 个类别，把这 4 类问题结合形状展示出来，如图 2-1 所示。

这主要用到了第 3 章思维结构化和第 5 章表达形象化里面介绍的方法和技巧。

本章就从上述 4 个方面对演示进行情境化分析，一般在制作 PPT 报告前完成，分析结果直接影响 PPT 报告的设计制作。

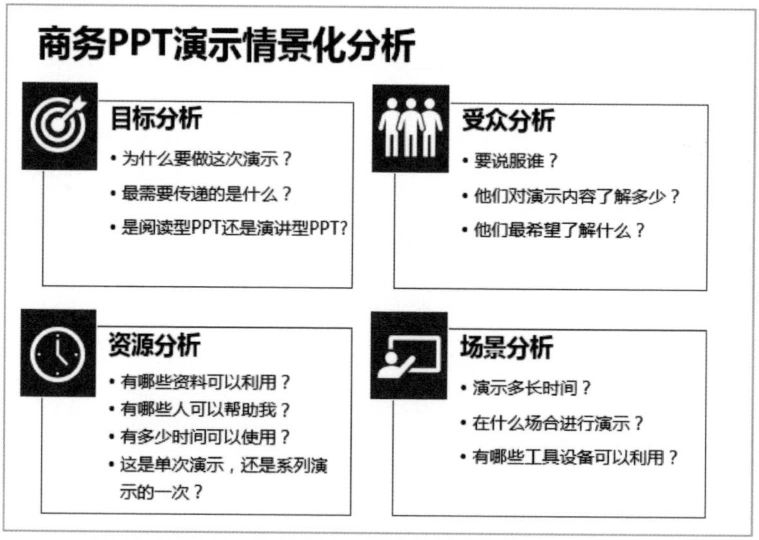

图 2-1　PPT 演示情景化分析

2.1　目标分析

目标分析是整个情景化分析中的第一步，也是最重要的一步，决定了情境化分析后面的环节。我做了一张演示目标分析表，把演示目标分为了 8 大方面，读者可以参考这张表来对自己的演示进行分析，如表 2-1 所示。

表 2-1　演示目标分析表

序　号	演示目标	传递信息重点
1	吸引投资	发展前景、管理团队和投资收益
2	工作总结	取得业绩、学习成长和下一步计划
3	项目投标	投标方优势、成功案例、工作计划和费用
4	项目提案	方法模型、观点结论和主要成果
5	议题讨论	主要议题、讨论目标和解决建议
6	教育培训	学员水平、主要知识点和应用案例
7	产品发布	新技术、新特性、消费趋势和产品优势
8	市场促销	产品优势、促销方案和预期收益

这 8 个方面远远不能覆盖工作中的所有方面，这些都是商务 PPT 演示最常用的目的。目的不同，传递的信息重点不同，这些都会影响 PPT 报告素材的准备。

在分析目标时，还要确定好是做成阅读型 PPT 还是演讲型 PPT？下面对这两种类型做了简单的对比，如图 2-2 所示。

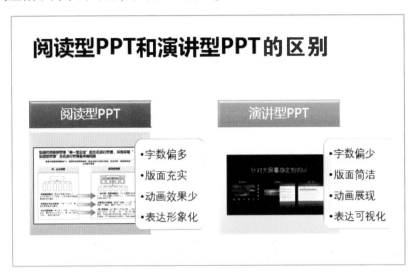

图 2-2　阅读型 PPT 和演讲型 PPT 的区别

在人们的日常工作中遇到的大多是阅读型 PPT，演讲型 PPT 常常用于教育培训中，近几年也多用于新产品发布会。这两者并没有明显的界限，有时需要有可读性，又需要演讲汇报说明。

2.2　受众分析

确定了演示目的后，需要对参加演示的人群特点进行分类，称之为受众分析，下面主要从受众的 9 类身份特点进行分类，如表 2-2 所示。

表 2-2　演示受众分析表

序　号	受众特点分析	主　要　类　别
1	地理文化	国外、国内、一线城市、二三线城市……
2	行业职业	金融、制造、房地产、汽车、食品、互联网、广告……
3	角色类别	同事、甲方、乙方、投资方、消费者……
4	职务职位	董事长/总经理、高管团队、中层经理、基层员工……
5	部门类别	财务、HR、销售、设计、技术、生产……
6	教育程度	研究生、本科、专科、高中、初中……
7	性别年龄	90 后、80 后、70 后、60 后……
8	对演示内容的理解程度	不懂、略懂、熟悉、思想碰撞……
9	对演示的影响程度	接受、讨论、审议、最终审批……

受众分析的不同特点决定了演示的方式和风格。比如对甲方高管团队审议的 PPT 项目汇报，要更注重逻辑思路、结果观点、论证方法和配色布局等的专业性，可能某一方面不专业都会影响汇报的效果；对 90 后销售部门员工培训销售技巧，更注重趣味性、互动性和参与性，PPT 风格轻松活泼，让员工在参与中得到成长和收获。这两种风格完全不同。

2.3　资源分析

在目的分析和受众分析后，需要根据演示主题和大纲来准备演示素材。准备素材需要考虑时间和人力等因素，这里把素材和时间、人力等统称为演示资源，也就是要对演示的资源进行分析，如表 2-3 所示。

表 2-3　演示资源分析表

演示资源	具体内容	分析项目
素材资源	文字素材	是否完整
	图片素材	
	数据表格素材	
	PPT 模板素材	有没有可直接使用的模板
	素材整理程度	直接使用还是需要加工
人力资源	独自完成	
	团队完成	团队如何分工
	团队对内容理解程度	是否需要培训
	团队 PPT 技术掌握的程度	是 PPT 新手还是高手
时间资源	全职完成	时间如何分配
	兼职完成	
	一次/系列演示	确定系列演示主题

这些资源的确定与否，会影响到 PPT 报告制作的成本，也就是不能确定能否保质保量地达到预期演示效果。

2.4　场景分析

最后一步是演示场景分析，主要分为演示方式、现场条件和演示时间 3 个方面，具体如表 2-4 所示。

表 2-4　演示场景分析表

演示场景	具体内容	分析项目
演示方式	书面材料	打印版本效果
	现场汇报	汇报人对内容的掌握程度
	在线展示	什么平台？网络带宽如何？
现场条件	人数规模	1~10 人、10~30 人、30 人以上
	会议室大小	小、中、大会议室
	桌椅分布	教室式摆放、分组式摆放
	演示设备	投影仪、电视
	接入方式	有线（VGA/HDMI）无线接入
	音视频设备	音箱、麦克风和音频线
	网络 Wi-Fi	是否需要 Wi-Fi 连接
演示时间	时间段	上午、下午；工作日、周末
	占用时长	1 小时、半天、全天
	茶歇时间	一次、二次；10 分钟、20 分钟

充分了解现场不同的场景条件，可以让主办方提前发一些现场照片给你，如有必要可以提前到现场感受一下，这样在准备 PPT 设计制作和演示汇报时能心中有数，并且熟悉的环境也能减轻现场演讲的紧张程度。

第 3 章
思维结构化——理顺演示逻辑

谈到结构化，首先想到的是著名的"金字塔原理"。金字塔原理被很多人知道主要源于芭芭拉·明托，1963 年，她是麦肯锡聘请的第一位女性咨询顾问。她的报告做得不错，公司领导就让她教一下公司的咨询师做报告，后来把讲义整理出来就成为了《金字塔原理》。

金字塔原理广泛应用于思考、沟通表达、解决问题和开发培训课程，是提高逻辑思维和表达能力的高效思维工具。其实，结构化并不是芭芭拉创造出来的，结构化一直存在着。比如我们会把一年分为春、夏、秋、冬四季，这本身就是一种结构。

事实上，不管是思考、阐述观点、写报告，还是做 PPT，结构化都占有重要的位置。PPT 的逻辑就像是骨架，在美化 PPT 之前，要优先确定的就是逻辑结构。

3.1 结构化示例

不管是在工作中，还是在生活中，人们每天都在做各种沟通。不管是什么形式、什么渠道的沟通，都是为了把信息全面、简明、有组织地传递给对方，从而提高效率、达成共识。简单来说，就是把事情想清楚、讲明白，让对方轻松理解并记忆深刻。这绝对是个技术活，也是这个信息时代每个人必备的核心能力之一。

汇报与沟通是工作中的常见环节，对于同一件事，不同的人可能会用不同的方式来表达。以会议室预订为例，员工甲和员工乙就用了不同的方式来汇报，如表 3-1 所示。

表 3-1　不同表达方式

人员	采用方式	汇报沟通	可能结果
员工甲	常规顺序	Boss，A 总今天没空，B 总出差了，周四回来，C 总明天之后都可以，另外，周四订不到会议室，会议安排在……	话没说完，被老板打断："说重点，告诉我结果!"
员工乙	结论先行	Boss，今天的会议我们想改在周五上午 9 点，你看可以吗？因为 A、B、C 总那个时间比较方便，会议室也只有那一天有空	如果老板问到具体情况，再说："A 总……B 总……C 总……。会议室……"

员工甲按照常规顺序，先描述问题状态和原因，最后说结论；员工乙正好相反，先说结论，再叙述原因，这样对方就会在第一时间获取沟通的关键点，这就是结构化的一个应用。具体分析如图 3-1 所示。

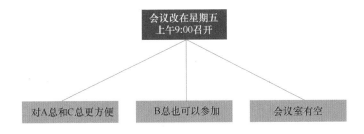

图 3-1　结论先行的表达示意

为了不让对方在听的过程中处于焦灼的状态，关心结果是什么，就先告诉他结论，再做原因说明。职场中，逻辑清晰的人会让人觉得更职业。

再看一个 PPT 的例子，比如你现在遇到的问题是："公司的招聘管理体系存在哪些问题？"

那么对这个问题的回答，如果直接在 PPT 中这样罗列展现出来，造成的结果往往是观众眼睛扫一下 PPT，内容太多，心里会有抵触，就更不用谈脑海中能留下什么印象了。如图 3-2 所示。

如果对列出的问题进行归类和分层，将问题分为基础工作、人才评价和内部选拔 3 个类别，如图 3-3 所示。这样可以很好地表达出招聘体系中在基础工作、人才评价和内部选拔 3 个方面存在问题。想一想，记住 3 个问题是不是比记 7 个问题要容易，而且印象深刻？

图 3-3 使用了第 5 章介绍的 SmartArt 工具，做出从左到右的结构图，速度更快，配色方案选择更多。

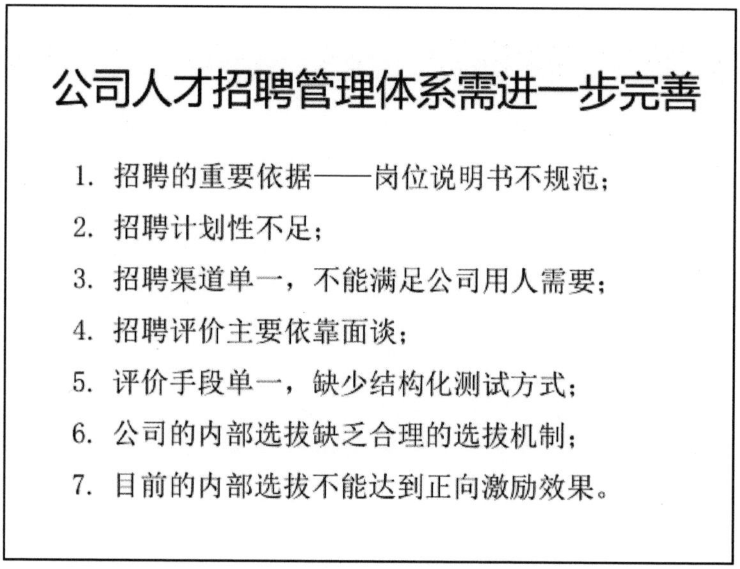

公司人才招聘管理体系需进一步完善
1. 招聘的重要依据——岗位说明书不规范；
2. 招聘计划性不足；
3. 招聘渠道单一，不能满足公司用人需要；
4. 招聘评价主要依靠面谈；
5. 评价手段单一，缺少结构化测试方式；
6. 公司的内部选拔缺乏合理的选拔机制；
7. 目前的内部选拔不能达到正向激励效果。

图 3-2　结构化示例——招聘问题列表

公司招聘管理体系主要在基础工作、人才评价和内部选拔 3 个方面有待完善
招聘管理体系问题
基础工作
招聘的重要依据——岗位说明书不规范
招聘计划性不足
招聘渠道单一，不能满足公司用人需要
人才评价
招聘评价主要依靠面谈
评价手段单一，缺少结构化测试方式
内部选拔
公司的内部选拔缺乏合理的选拔机制
目前的内部选拔不能达到正向激励效果

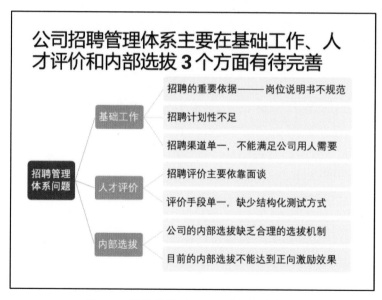

图 3-3　结构化示例——招聘问题分类 A

也可以用形状组合出如图 3-4 所示的关系图，可以找现成的图形模板套用，文字复制和格式调整都要手动完成，制作速度稍微慢一些，但格式调整更灵活，结构样式更丰富。

从这个例子可以看出结构化在商务 PPT 制作中的重要作用。

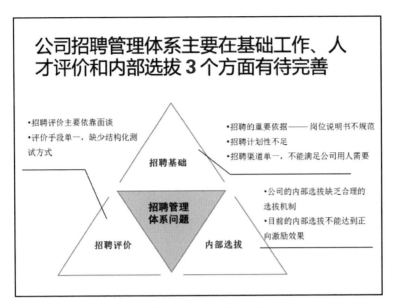

图 3-4　结构化示例——招聘问题分类 B

3.2　结构化思维的原则

结构化思维有 4 个原则，也是金字塔原理的 4 个基本原则，分别是：

- 论——结论先行。
- 证——自上而下。
- 类——归类分组。
- 比——逻辑递进。

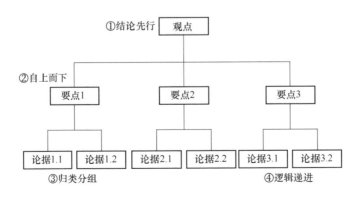

图 3-5　结构化思维的 4 个原则

1. 原则一：结论先行

在做商务沟通和汇报时，如果做了 30 页 PPT，在演示到第 20 页的时候，还没有让对方抓住这一汇报沟通的主要观点，那么这就是一个失败的 PPT 演示。听众的注意力是有限的，在演讲汇报和商务沟通过程中，如果前 5 分钟不能吸引听众的注意力，听众的大脑极容易产生自我保护，这种保护的结果就是产生"懈怠"情绪。

吸引听众的注意力有很多种方法，如演讲的技巧、图形化展示的技巧等。其实听众最在意的是听到演讲的观点和结论，这是很有效率的一种方法，不管听众是否赞同你的观点，都会吸引听众关注你的主要论据和方法。

"结论先行"做得最好的就是我们每年都会看到的政府工作报告。几万字的政府工作报告，每个要点部分都以"结论＋分析"的模式来写，如图 3-6 所示。

一年来，我们主要做了以下工作。

一是继续创新和加强宏观调控，经济运行保持在合理区间。 去年宏观调控面临多难抉择，我们坚持不搞"大水漫灌"式强刺激，而是依靠改革创新来稳增长、调结构、防风险，在区间调控的基础上，加强定向调控、相机调控。积极的财政政策力度加大，增加的财政赤字主要用于减税降费。全面推开营改增试点，全年降低企业税负 5700 多亿元，所有行业实现税负只减不增。制定实施中央与地方增值税收入划分过渡方案，确保地方既有财力不变。扩大地方政府存量债务置换规模，降低利息负担约 4000 亿元。稳健的货币政策灵活适度，广义货币 M2 增长 11.3%，低于 13% 左右的预期目标。综合运用多种货币政策工具，支持实体经济发展。实施促进消费升级措施。出台鼓励民间投资等政策，投资出现企稳态势。分类调控房地产市场。加强金融风险防控，人民币汇率形成机制进一步完善，保持了在合理均衡水平上的基本稳定，维护了国家经济金融安全。

二是着力抓好"三去一降一补"，供给结构有所改善。 以钢铁、煤炭行业为重点去产能，全年退出钢铁产能超过 6500 万吨、煤炭产能超过 2.9 亿吨，超额完成年度目标任务，分流职工得到较好安置。支持农民工在城镇购房，提高棚改货币化安置比例，房地产去库存取得积极成效。推动企业兼并重组，发展直接融资，实施市场化法治化债转股，工业企业资产负债率有所下降。着眼促进企业降成本，出台减税降费、降低"五险一金"缴费比例、下调用电价格等举措。加大补短板力度，办了一批当前急需又利长远的大事。

图 3-6　政府工作报告"结论先行"示意

如果没有时间全文阅读这份几万字的报告，那么可以把每个段落的要点集中在一起，做成两页纸，如图 3-7 所示。能快速了解政府报告的精髓。这并不是归纳总结能力强，而是报告文章采取的"结论先行"的方式，让人在阅读几万字的政府报告时不费力，既可以快速通读浏览，又能根据自己的兴趣详细查看某部分具体内容。

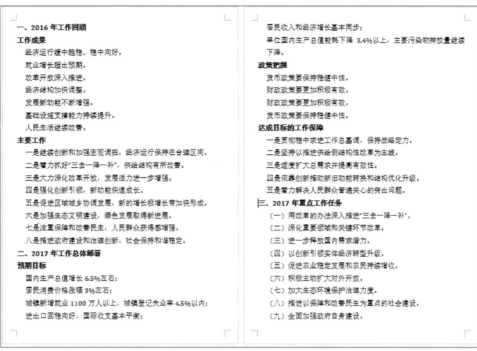

图 3-7 2017 年政府工作报告要点汇总

在商务 PPT 制作过程中的 "结论先行"，最常用的就是摘要法。摘要法适合于页数超过 20 页的 PPT 报告，可以在分析和论述开始前增加摘要页，汇总主要观点，如图 3-8 所示。

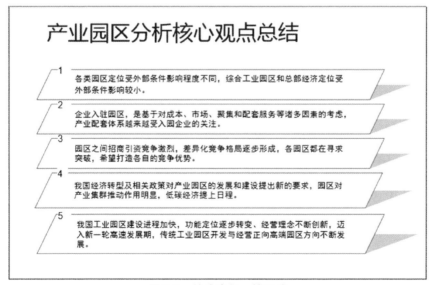

图 3-8 结论先行：摘要法

摘要法也常常体现在商业计划书或者 IPO 路演的报告中，如万国数据于 2016 年 10 月 IPO 的报告中，最开始为摘要页（Offering Summary），如图 3-9 左图所示，主要介绍 IPO 的基本概况，包含发行数量、发行价格、基础融资规模、资金用途、承销商、预计定价时间等信息。如图 3-9 右图所示是财务摘要（Financial Highlights），主要包含营业收入、利润和增长预期等信息。

图 3-9　结论先行：IPO 报告摘要示意

2. 原则二：自上而下

即先抛结论，然后列出要点来支持自己的结论，再层层详细展开。

当对要表达和沟通的问题已有主要思路，就差清晰地表达出来时，适合用自上而下法。比如写年终总结时，基本知道自己要写的主题是什么，平时的成绩、遇到的问题、下一年的规划等也要有大概构思，此时，就可以采用自上而下法构建金字塔结构，条理清晰地表明自己的想法。

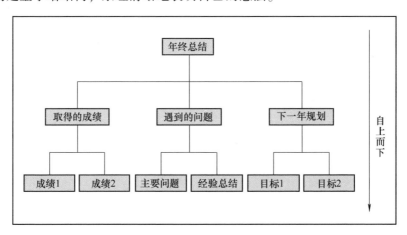

图 3-10　自上而下的工作总结

还以政府工作报告为例，这次我们一起看看如何自上而下。对 2017 年政府工作报告的结构进行整理，会发现报告的主要思路，如图 3-11 所示。

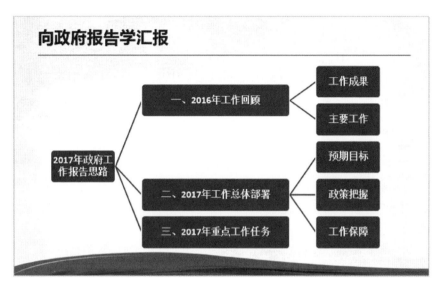

图 3-11　政府报告主要思路

具体到某一个要点，以 2016 年政府报告关于"稳增长调结构防风险"的论述为例，也可以看出自上而下的结构化思维。

> **一是着力稳增长调结构防风险，创新宏观调控方式。** 为应对持续加大的经济下行压力，我们在区间调控基础上，实施定向调控和相机调控。积极的财政政策注重加力增效，扩大结构性减税范围，实行普遍性降费，盘活财政存量资金。发行地方政府债券置换存量债务 3.2 万亿元，降低利息负担约 2000 亿元，减轻了地方政府偿债压力。稳健的货币政策注重松紧适度，多次降息降准，改革存贷比管理，创新货币政策工具，加大对实体经济支持力度。扩大有效投资，设立专项基金，加强水利、城镇棚户区和农村危房改造、中西部铁路和公路等薄弱环节建设。实施重点领域消费促进工程，城乡居民旅游、网购、信息消费等快速增长。去年还积极应对金融领域的多种风险挑战，守住了不发生系统性区域性风险的底线，维护了国家经济金融安全。

图 3-12　2016 政府工作报告部分内容

这段话后面的论述都是为了表达观点"着力稳增长调结构防风险，创新宏观调控方式"，主要从稳增长、调结构和防风险 3 个方面进行论述，可以做出如图 3-13 的结构图。

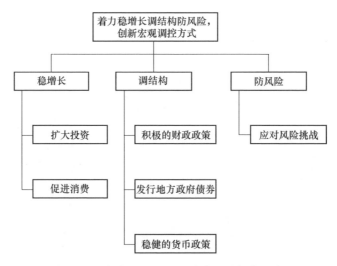

图 3-13　自上而下：2016 政府工作报告示意

3. 原则三：归组分类

当对一件事情进行分类以后，它就变得特别清晰、简单、准确，分类在生活、工作中是无处不在的。家中物品的摆放，如果做好归类分组看起来就会让人觉得很舒服，使用的时候找起来也很方便。如图 3-14 是有人将冰箱中的物品分类整理摆放的效果。

图 3-14　冰箱物品分类摆放示意

我们的大脑有自动将某些具有共同特性的东西进行归类组合的能力。如果大脑对处理的信息已经进行了归类分组，显得清晰明了，理解起来就比较容易。如果要处理的信息杂乱无章，大脑会自动进行信息解构分析和归类分组，但是会增加听众的大脑负担，不利于信息的理解。

分类要符合 MECE 原则，中文叫相互独立、完全穷尽。相互独立的意思是，互相之间不能有交叉，完全穷尽就是你在分类的时候不能有遗漏。只要符合这个标准，就是一个清晰的、准确的分类，如图 3-15 所示。

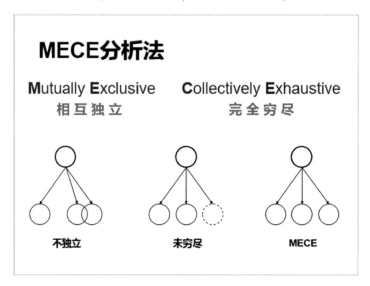

图 3-15 MECE 分析法

在实际运用中只需不停地问自己两个问题：

1）我是不是把所有可能的因素都考虑到了，有没有遗漏？

2）这些因素之间有没有互相重叠的部分？

在运用 MECE 原则时，有两个数字要记住，数字 3 和数字 7。有研究认为，人类大脑能一次性接受的信息分类的临界值是 7 条，突破 7 以后就会给记忆造成负担。3 条最容易记住，例如领导讲话常常会讲 3 点，因为 3 点好记且更容易做到。

根据这一规律，在制作 PPT 的时候，如果列出的信息数量超过 7 条，就要考虑分类或压缩了。如果在做工作总结的时候，发现今年主要工作内容是 10 条，而且不能再压缩，那么建议分成两页 PPT 来表达和展示。

4. 原则四：逻辑递进

在完成归类分组之后，同一组内的信息表达也是有一定的逻辑顺序的。不知大家发现没有，同样一件事，表达的顺序不同，得出的结果和效果也完全不一样。表达的先后顺序非常重要。

常见逻辑递进的排序原则分为时间、空间、重要性和业务流程 4 种方式，如表 3-2 所示。排序原则要统一，即同一个层级采用同一种排序方式，不能采用多种排序方式。前两条用时间分，后两条用空间分就会产生交叉。

表 3-2　逻辑递进排序的 4 种原则

逻 辑 顺 序	举　例
时间	• 过去、现在、未来 • 阶段一、阶段二、阶段三 • 短期计划、中期计划、远期规划
空间	• 东部、中部、西部 • 办公楼、研发楼、生产楼 • 收货区、包装区、发货区
重要性	• 董事会、经营层、员工 • VIP 经销商、执行经销商、经销商 • 主营业务、辅助业务、战略业务
业务流程	• 招聘、培训、绩效 • 计划、执行、改进 • 问题、原因、方案

"论证类比" 4 个核心原则之间还有内在关系。论与证是和纵向结构对应的，就是上下要符合论与证的结构。类和比是横向结构对应的，同一组思想之间要符合归类分组和逻辑递进。

3.3　商务 PPT 常见逻辑结构

1. 公司介绍型 PPT

2. 工作总结型 PPT

3. 问题改进型 PPT

4. 调查研究型 PPT

5. 项目建议书 PPT

6. 解决方案型 PPT

7. 商业计划书 PPT

3.4　结构化的工具

在设计 PPT 的时候，如何充分体现结构化？

如果要调整不同结构的位置，怎样操作更方便？

本节介绍两个工具，一个是思维导图软件，另一个是 PowerPoint 2016 中的"节"。

3.4.1　思维导图软件

思维导图又叫心智图，是表达发散性思维且有效的图形思维工具，它简单却又极其有效，是一种革命性的思维工具。思维导图运用图文并茂的技巧，把各级主题的关系用相互隶属与相关的层级图表现出来，把主题关键词与图像、颜色等建立记忆连接。

如图 3-16 所示就是用思维导图软件 MindManger 2017 制作的关于时间管理的头脑风暴图。

在写作本书前，也是用思维导图软件 XMind 来建立整个书籍的章节结构的，如图 3-17 所示。

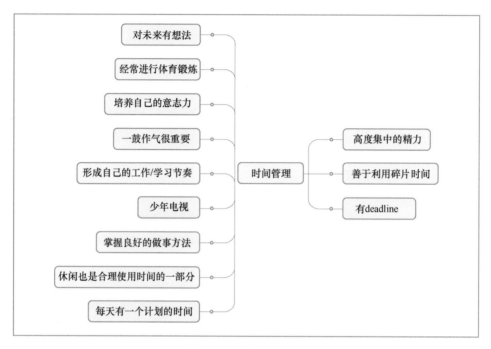

图 3-16　思维导图示例

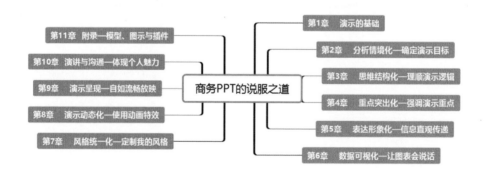

图 3-17　本书章节结构示意

3.4.2　PowerPoint 的节

如果要调整几十页 PPT 中的一部分，用剪切（Ctrl + X）和粘贴（Ctrl + V）来操作，显得麻烦。从 PowerPoint 2010 开始，出现了一个工具——节，可以在编辑设计 PPT 的时候更好地体现"结构化"。

在左侧 PPT 缩略图页面上，单击鼠标右键，选择"新增节"命令，如图 3-18 所示。

在出现的"无标题节"上同样单击鼠标右键，可以对节进行重命名、移动、折叠和删除等操作，如图 3-19 所示。

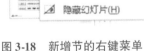

图 3-18　新增节的右键菜单

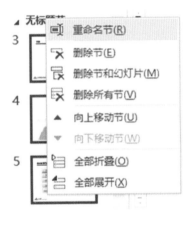

图 3-19　节的操作

例如把北大纵横管理咨询公司介绍 PPT，按照目录的 6 部分添加节后，给各节重命名并全部折叠，可以在左侧缩略图中显示各个节的名称，名称后的数字是该节包含的幻灯片数量，并能用鼠标移动来调整节的前后顺序。如图 3-20 所示。

也可以用"幻灯片浏览"视图，显示不同节对应的具体幻灯片页面。如图 3-21 所示。

可以说，节的管理是大型 PPT 编辑的福音。注意：节功能在 PowerPoint 2003 和 PowerPoint 2007 版本中无法应用。

在打印幻灯片文件时，可以选择打印的节范围，如图 3-22 所示。

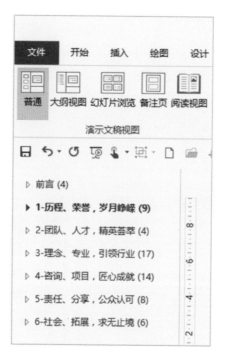

图 3-20　节的折叠

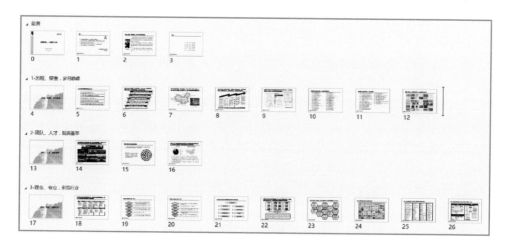

图 3-21　幻灯片浏览视图中显示节

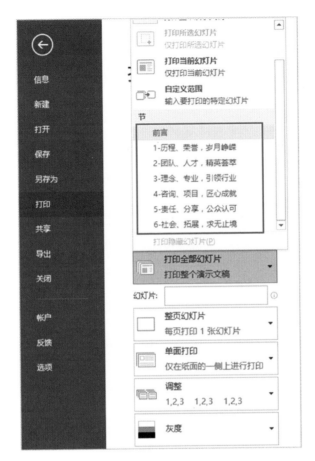

图 3-22　节的打印设置

第 4 章
重点突出化——强调演示重点

在设计好 PPT 报告的逻辑结构之后，一般会根据各部分的要求收集相关的素材资料。这些资料有可能很"原始"，有大段的文字、众多的数据、复杂的表格和杂乱的图片等。在整理这些素材资料的时候，就要"去粗取精"，也就是人们常说的"突出重点"。

PPT 是一个沟通的工具，可以为沟通双方节省很多时间。节省时间有多种方法，其中最好用的，莫过于给别人突出重点。所以如果你的 PPT 重点明确，那么你的上司、客户或者评委会更喜欢你。

本章介绍常见的 5 种突出重点的方法，这 5 种方法可以在 PPT 编辑中单独使用，也可以综合使用。但这 5 种方法都离不开一个原则，那就是——KISS 原则，如图 4-1 所示。

Keep It Simple **and** Stupid

中文译文：懒人原则

标准译文：少即是多/简单就是美/简约实用

适用范围：产品设计、软件设计、 PPT设计、平
面设计和日常沟通等方面

图 4-1　KISS 原则

KISS 是英文 Keep it Simple and Stupid 的缩写，意思是"保持简单和愚蠢"，其中"愚蠢"不是"傻"，它还有"迟钝""不敏感""乏味""无价值"等综合含义。因为越是简单的信息，越容易理解。原通用电气董事长

杰克·韦尔奇曾经说过："管理就是把复杂的问题简单化，把混乱的事情规范化。"

4.1　颜色突出法

在页面中利用颜色对比来突出重点信息是最常见的，也是最好用的方法。在管理咨询 PPT 报告中经常用颜色突出公司部门的调整。如图 4-2 所示。

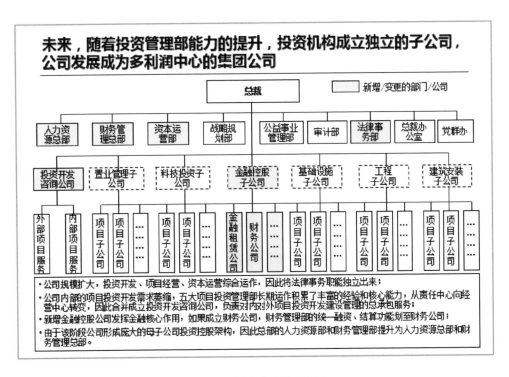

图 4-2　颜色突出法示例 1

可以用不同颜色体现部门中工作职能的有无，如图 4-3 所示。

也可以用颜色体现目前所处的战略发展阶段，如图 4-4 所示。

如图 4-5 所示是用不同颜色代表不同企业，左右颜色一致，方便观众查看对比。

颜色突出法也更多地应用于目录中，适合做转场页，体现本部分要讲的内容，如图 4-6 和图 4-7 所示。

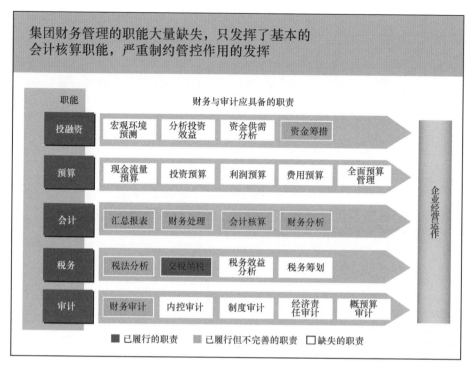

图 4-3　颜色突出法示例 2

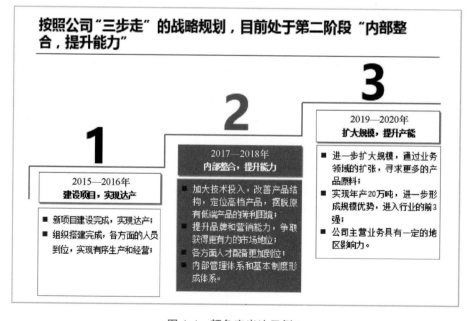

图 4-4　颜色突出法示例 3

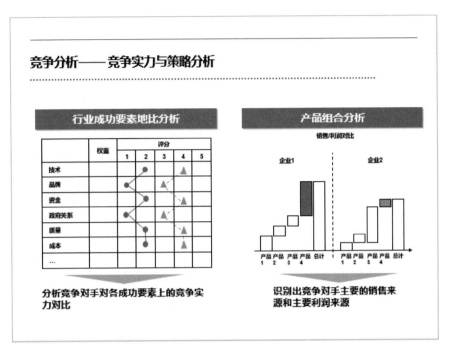

图 4-5　颜色突出法示例 4

图 4-6　颜色突出法示例 5

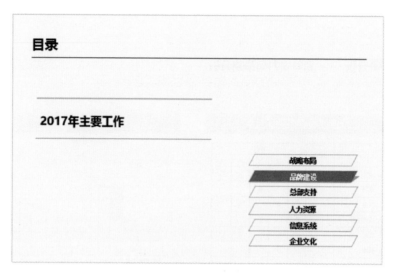

图 4-7　颜色突出法示例 6

4.2　标注突出法

在设计 PPT 时候，也经常会用不同的形状来标注。标注的时候充分利用形状填充和形状边框的设置。

如图 4-8 所示是用形状√和×来体现"是"和"不是"，使人一目了然。

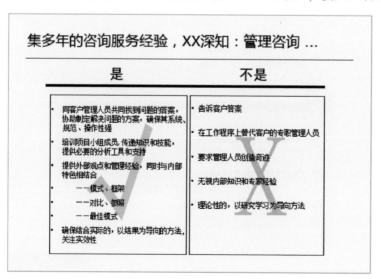

图 4-8　标注突出法示例 1

如图 4-9 所示是用形状 "＋" 和 "－" 来体现优势和不足的。

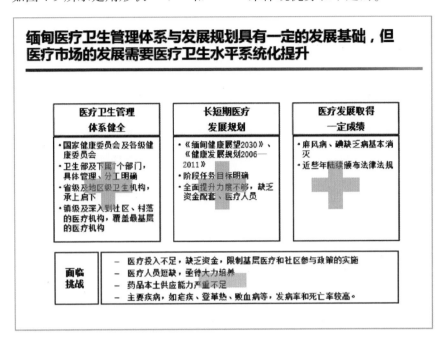

图 4-9　标注突出法示例 2

如图 4-10 所示用虚线展开，列出了本阶段的工作内容。

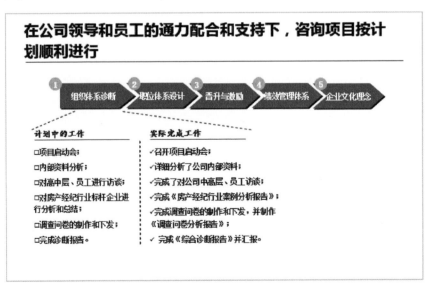

图 4-10　标注突出法示例 3

如图 4-11 所示是在地图对应位置添加形状来标记数据的。

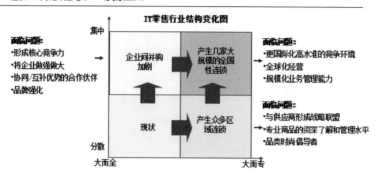

图 4-11　标注突出法示例 4

如图 4-12 所示是用红色虚线标记表格中重点数据的。

XX集团近5年采购金额增长近200%，采购收入比趋于30%

XX集团2012年—2016年收入与采购数据

年份	2012	2013	2014	2015	2016
主营业务收入	38.23	48.28	114.42	115.54	116.88
原材料成本	11.47	14.48	34.33	34.66	35.06
库存变化	0.27	-2.06	2.82	-0.09	-0.04
采购金额	11.74	12.42	37.15	34.57	35.02
采购金额/主营业务收入	30.71%	25.73%	32.46%	29.92%	29.97%

图 4-12　标注突出法示例 5

4.3　文字突出法

　　同样的文字内容，对于要突出的部分用不同的字体、字号表现出来，能达到对比的目的。如图 4-13 所示是把要突出的数字重新设置字号和颜色与原来的效果进行对比。

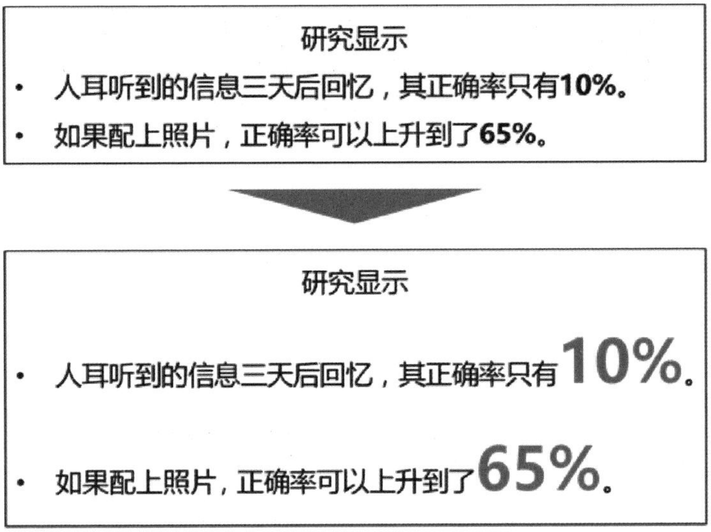

图 4-13　文字突出法示例 1

　　在 PPT 设计中有个著名的流派叫"高桥流"，它使用巨大的文字来进行 PPT 演示，也能形成一定的视觉冲击，如图 4-14 所示。

图 4-14　高桥流文字示例

　　这种方式现在也广泛应用于产品发布会的 PPT 中，如图 4-15 所示。

图 4-15　产品发布会 PPT 示例

　　从字形上分析，字体分为有衬线和无衬线字体。同一个文字，有衬线字体有着各种激凸和粗细不一的笔画，而无衬线字体笔画均匀。在 PPT 设计中，建议多用无衬线字体，即使离得远，也容易看得清楚。如图 4-16 所示。

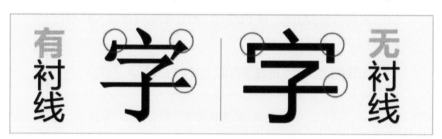

图 4-16　两种字形示意

　　商务报告中的字体一般中规中矩，能够看得清晰明了即可，比如中文的微软雅黑字体和英文数字的 Arial 字体。这两种字体是系统中自带的，不会因为外部字体的缺失而出现显示问题。适合用于各种 PPT 的正文中，这类字体也是各种商务 PPT 的首选字体。如图 4-17 所示。

微软雅黑　1234567890

Arial　　　1234567890

图 4-17　中英文首选字体

在设置字体的时候，不必将英文、数字和中文分开来设置，可以通过字体的扩展命令来设置，输入时会根据内容自动设置对应的字体，如图 4-18 所示。

图 4-18　一键设置中、英文字体

有时候需要用到系统外的字体来表达某种风格，到哪里去找这些字体呢？这里推荐两个网站。

1. 找字网（www.zhaozi.cn）

找字网收集了很多字体，大家直接搜索需要的字体名字，下载安装即可，如图 4-19 所示。如果用于商业行为，注意尊重设计者的版权。

图 4-19　找字网

外部字体有时能有很好的表现力和冲击力，这里介绍 4 种风格的外部字体供参考，如图 4-20、图 4-21、图 4-22 和图 4-23 所示。

1.文鼎霹雳体

自带撕裂效果，用于表现灾难、安全等场景，也可以用于表现心碎的感觉。

示例

图 4-20　文鼎霹雳体示例

2.禹卫书法行书简体

介于楷书、草书之间的一种字体，端正平稳之中带着潇洒自如的感觉，适合表现传统文化的中国风。

示例

图 4-21　禹卫书法行书简体示例

3.钟齐陈伟勋硬笔行楷简

应用于中文设计方面的楷体字体，字形潇洒飘逸，如行云流水，可用于卡通设计、名片设计、广告创意、电视广告等领域。

示例

图 4-22　钟齐陈伟勋硬笔行楷简示例

4.华康海报体

活泼的字形、饱满的笔画，使这款字体看起来充满活力，常用于海报标题 。

示例

图 4-23　华康海报体示例

2. 求字体网（www. qiuziti. com）

如果在网上看到一种字体，觉得很喜欢，想知道这是什么字体，怎么办？可以把看到的字体截图保存，然后上传到求字体网，按提示操作，就会自动识别字体。如图 4-24 所示。

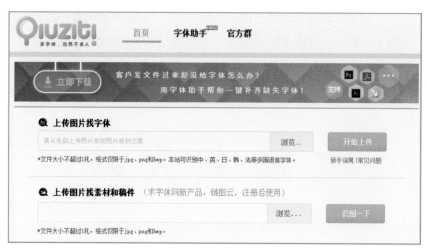

图 4-24　求字体网

在用非系统自带字体时，如果把 PPT 文件在另外一台计算机上打开，容易造成字体显示失效的问题，全都变成了宋体，因为别人的计算机上没有安装你 PPT 文件中用的字体。

图 4-25 的封面使用了字体"禹卫书法行书简体"，在没有该字体的计算机上打开时，效果如图 4-26 所示。

图 4-25　显示外部字体的封面

图 4-26　不能显示外部字体的封面

让计算机显示外部字体的方法有很多，这里主要介绍两种。

方法一：把字体文件嵌入到 PPT 里。选择"文件"-"选项"-"保存"命令，在弹出的对话框中选中"将字体嵌入文件"复选框，如图 4-27 所示。

图 4-27　保存外部字体的设置

这里有两个选项，主要区别如表 4-1 所示。

表 4-1　嵌入字体的两种设置

字体嵌入设置	特　点	文件大小
仅嵌入演示文稿中使用的字符	只能显示封面中的"凝心聚力，再创辉煌"，如果改成其他内容，则不能显示该字体效果	稍大
嵌入所有字符	可以随意更改内容，均能显示	较大

方法二：把显示好的字体内容保存成图片，方便演示，但是不能再编辑。采用何种方法主要看实际要求。

4.4　归纳突出法

PowerPoint 是有 Power 的 Point，直接翻译是"放大你的观点"，可以看成中文的"提炼"。有人把 Word 报告中的文字整体搬到 PPT 文档中，无非就是把 PPT 当成 Word 软件来使用，其实这仅仅是 PPT 报告的原始素材而已。如图 4-28 所示。

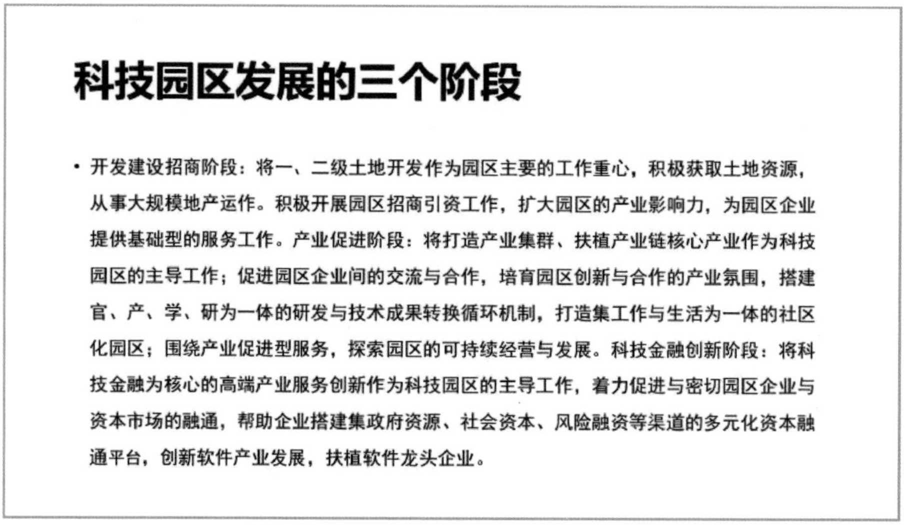

科技园区发展的三个阶段

- 开发建设招商阶段：将一、二级土地开发作为园区主要的工作重心，积极获取土地资源，从事大规模地产运作。积极开展园区招商引资工作，扩大园区的产业影响力，为园区企业提供基础型的服务工作。产业促进阶段：将打造产业集群、扶植产业链核心产业作为科技园区的主导工作；促进园区企业间的交流与合作，培育园区创新与合作的产业氛围，搭建官、产、学、研为一体的研发与技术成果转换循环机制，打造集工作与生活为一体的社区化园区；围绕产业促进型服务，探索园区的可持续经营与发展。科技金融创新阶段：将科技金融为核心的高端产业服务创新作为科技园区的主导工作，着力促进与密切园区企业与资本市场的融通，帮助企业搭建集政府资源、社会资本、风险融资等渠道的多元化资本融通平台，创新软件产业发展，扶植软件龙头企业。

图 4-28　文字原始素材

这张 PPT 是笔者参与的一个产业地产管理咨询项目中的一页，如果拿这页 PPT 给客户领导汇报，结果可想而知，将直接影响参与汇报人员的心情，严重时可能会终止合同。

那么这种纯文字型的 PPT 如何进行提炼呢？可以采用"四步法"，如图 4-29 所示。

1. 分段

根据文字内容的逻辑关系进行分段，常见的逻辑关系有总分、分总、总分总、并列、递进和时间关系等。这页 PPT 应该属于递进关系，而且是按照时间由初级阶段向高级阶段发展的，所以按阶段分成了 3 部分，如图 4-30 所示。

图 4-29　纯文字型 PPT 提炼的"四步法"

图 4-30　文字分段效果

2. 删除

在不影响主要表达观点的前提下，对多余的"废话"进行删除，删除的内容大多是原文的定语和状语，对动宾语句的删除要谨慎。如图 4-31 所示。

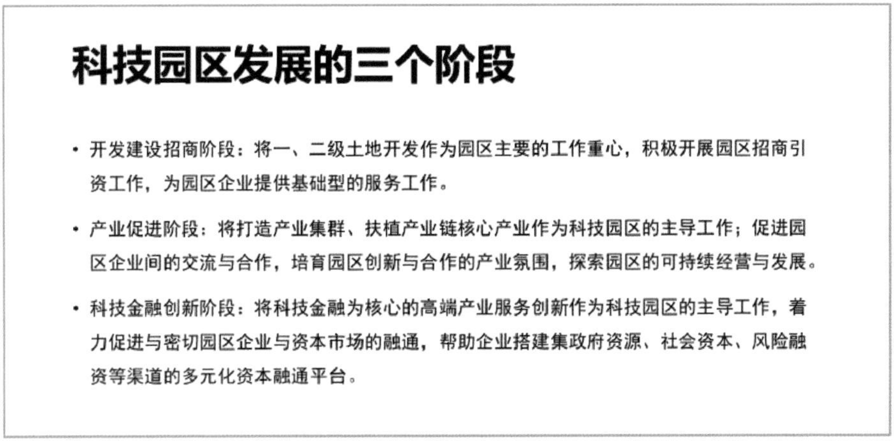

图 4-31　删除部分文字效果

3. 重构

此时会发现，经过删除的文本会显得不连贯，所以要把文本重构，如图 4-32 所示。重构后的文本句式结构相似，朗读节奏相近，多用动宾语句。当然，在政府部门或某些央企、国企中，还要求文字长短一致。

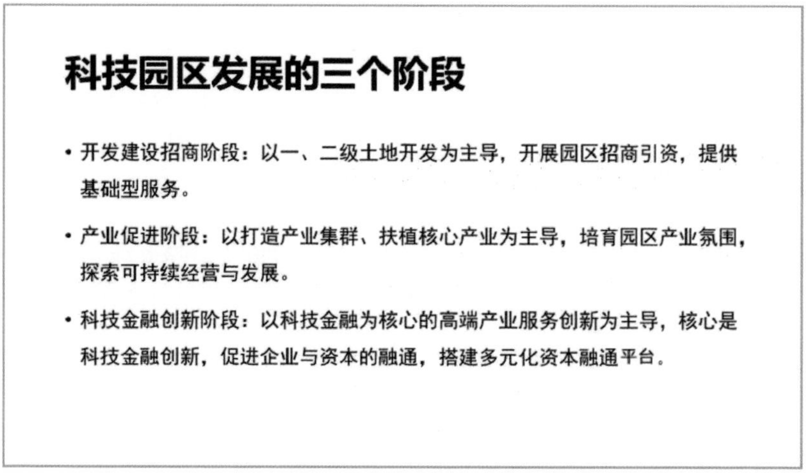

图 4-32　文字重构效果

将三个阶段与各自重点工作区分开，并调节段落的级别，如图 4-33 所示。

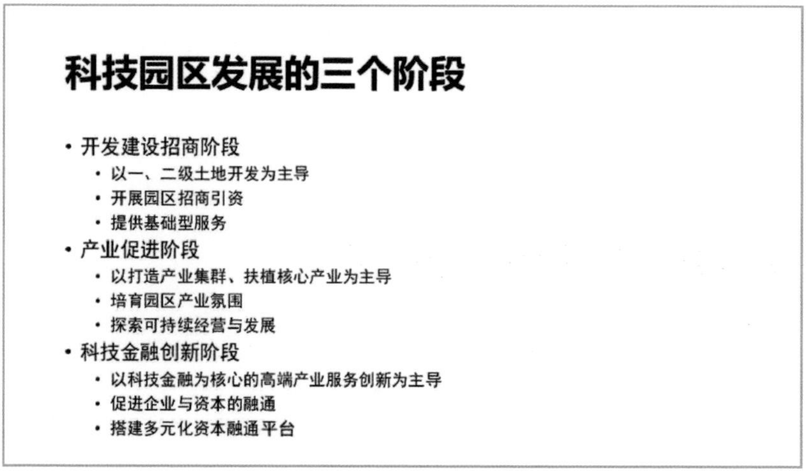

图 4-33　设置文字级别效果

4. 美化

文字的美化有多种方法，最常用的就是转换为 SmartArt，这样能让文字实现一键"高大上"。如图 4-34 和图 4-35 所示就是把文字转换成 SmartArt 的效果，关于 SmartArt 的功能可参考第 5 章的内容。

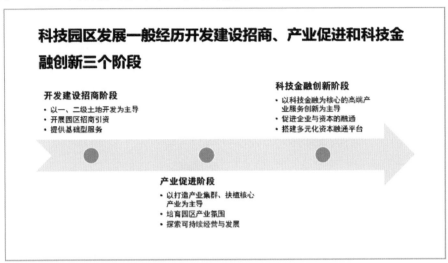

图 4-34　文字美化效果 1

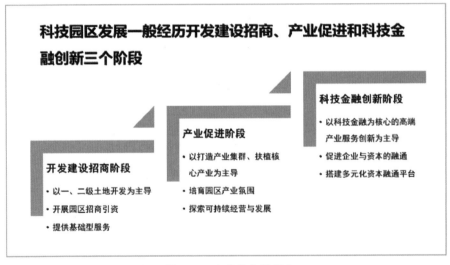

图 4-35　文字美化效果 2

4.5　标题突出法

　　观众看 PPT 的视线一般是从上到下、从左到右的，第一眼常常会落在标题上，所以标题对于观众理解这张 PPT 的内容很重要。

　　PPT 页面中的标题分为主标题和副标题，封面和正文都可以有主、副标题。封面标题是整个 PPT 的概括，每一张幻灯片的标题是该页的观点总结，如

图 4-36 和图 4-37 所示。

图 4-36　封面的主、副标题

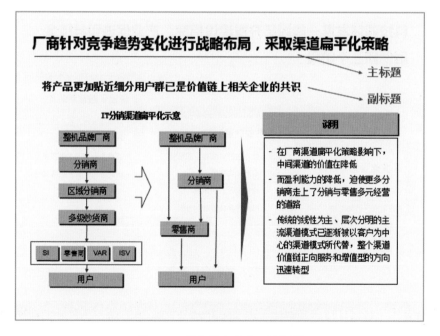

图 4-37　报告正文的主、副标题

标题更多的是体现观点和结论，所以最好是完整的句子。

下面先来看企业中常见的公司介绍 PPT 案例。

如图 4-38 所示的 PPT 的标题是简单短语式。

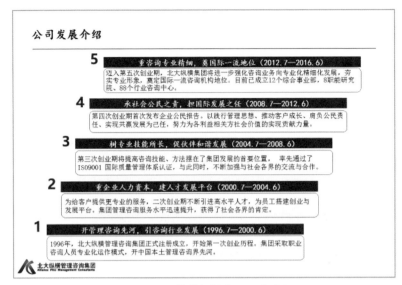

图 4-38　简单短语式 PPT 标题

点评：标题是"公司发展介绍"，这是常见的简单短语式 PPT 标题，不能与 PPT 中的内容形成呼应对照，更谈不上要表达观点了。

这样的标题，观众看了以后还要再详细看 PPT 内容，在观众的大脑中进行总结、分析、解构和提炼。造成的结果，一是不同人员的理解不同，容易引起理解偏差；二是增加观众的负担，不容易留下深刻印象。

修改方案 1 如图 4-39 所示。

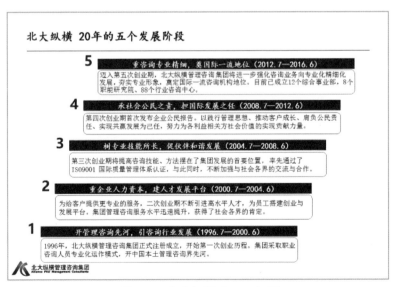

图 4-39　复杂短语式 PPT 标题

点评：标题是"北大纵横 20 年的五个发展阶段"，这是复杂短语式 PPT 标题，能够体现公司名称、发展年限和阶段数量，是 PPT 中内容的简单体现，还有大部分内容没有体现，也没有观点表达。

修改方案 2 如图 4-40 所示。

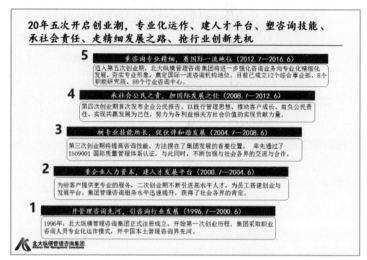

图 4-40　完整句式 PPT 标题

点评：标题是"20 年五次开启创业潮，专业化运作、建人才平台、塑咨询技能、承社会责任、走精细发展之路、抢行业创新先机"，这是完整句式 PPT 标题，不仅体现了发展年限和阶段数量，还对每个阶段的发展做了提炼，和 PPT 内容完全对应，并突出了公司的优势和核心竞争力。

图 4-41 也列举了常见的 PPT 标题优化的 3 个例子。

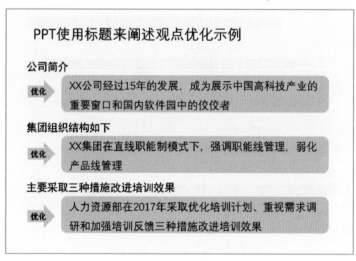

图 4-41　PPT 标题优化示例

在企业培训教学中，笔者总结出了"PPT 标题优化三原则"。

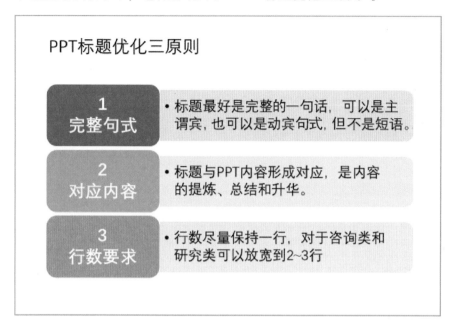

可以用汇总和提炼两种方法对标题进行优化。

一是汇总法，对单张 PPT 页面，做各要点的汇总，作为标题，如图 4-42 所示。

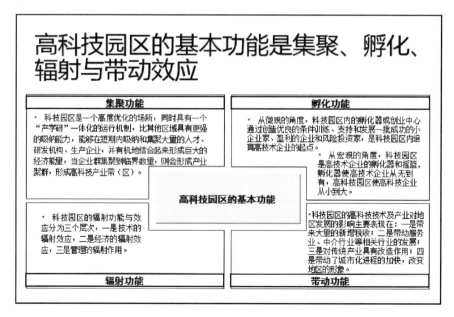

图 4-42　PPT 标题优化——汇总法

二是提炼法，对 PPT 页面的内容进行提炼，形成观点，作为标题，如图 4-43 所示。

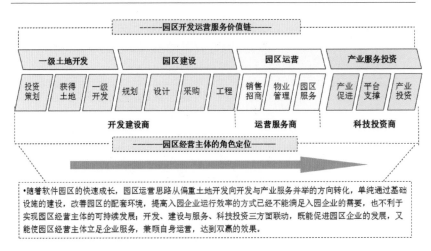

图 4-43　PPT 标题优化——提炼法

好的 PPT 标题，是 PPT 内容的总结，能让观众对 PPT 展示的内容快速了解，也是作者观点的表达，能让观众在这种观点的指导下查看 PPT 内容。这也符合金字塔原理中"结论先行"的原则。即使观众不看 PPT 内容，只看标题，对整个 PPT 报告的核心内容也不会有遗漏和偏差。

在咨询和研究公司，要求更严格，为了保证整个报告的逻辑更严谨，把所有的 PPT 标题放在一个 Word 文档中，多次通读，直到表达和朗读通顺为止。

在这里，也对这种方法进行介绍。

在 PowerPoint 2016 软件中，选择"视图"-"大纲视图"命令，如图 4-44 所示。

图 4-44　选择"大纲视图"

在软件的左侧会出现大纲视图，如果标题和内容都出现了，可以在大纲视图中，单击鼠标右键，选择"折叠"-"全部折叠"命令，如图 4-45 所示。

这样就可以在 PPT 大纲视图中直接修改标题了。

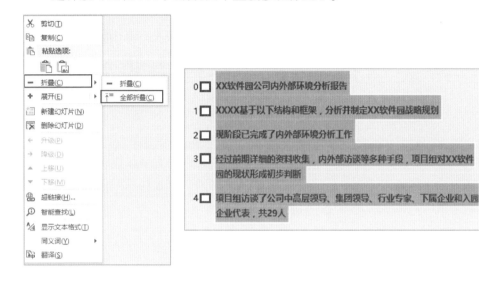

图 4-45　大纲视图中标题的折叠

第 5 章
表达形象化——信息直观传递

PPT 是为了快速向观众传递信息，因此越是优秀的 PPT 越能直观地传递信息。而要快速传递，就要尽量节省信息处理的时间，也就是要把信息表达成观众最容易接受的效果。而从大脑处理信息的一般过程看，越是形象化的信息，大脑越容易接受和理解。

本章就从 SmartArt、图片、形状、表格、图标和地图 6 个方面，详细介绍信息表达的形象化。

5.1 神奇工具 SmartArt

SmartArt 是从 Office 2007 开始新增的一项图形功能。工作中经常要把抽象和枯燥的文字，用形象化的方式表达出来，PPT 中的 SmartArt 就是一个很好的工具，而且是一个很神奇的工具，就像图 5-1 所示的流程图和关系图。

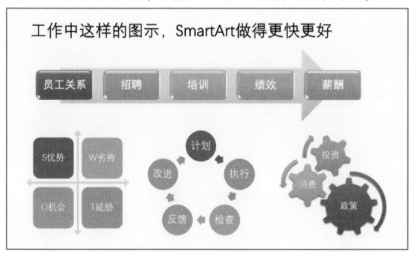

图 5-1 SmartArt 效果示例

SmartArt 还可以和各种图标结合起来，显得更生动形象，如图 5-2 所示。

图 5-2　SmartArt 和图标结合

在 PowerPoint 2016 中，SmartArt
工具的位置在"插入"选项卡
里，如图 5-3 所示。

打开"插入"选择卡后，会
出现 8 种类别的内置样式，可以
从中选择适合的表达样式，如
图 5-4 所示。

图 5-3　SmartArt 的位置

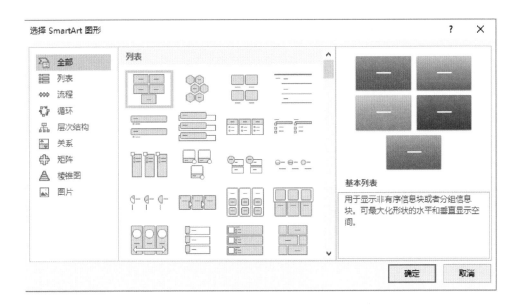

图 5-4　SmartArt 界面

下面分别介绍。

1. 列表型（36 种）

用于显示非有序信息或分组信息，主要用于强调信息的重要性。如图 5-5 所示。

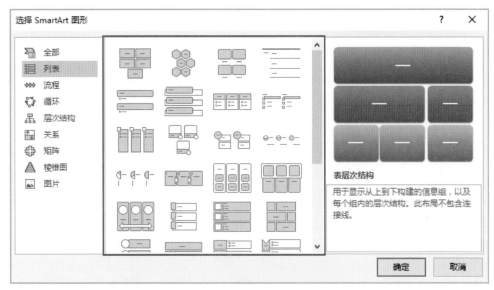

图 5-5　SmartArt 界面——列表型

2. 流程型（44 种）

表示阶段、任务或事件的连续序列，主要用于强调顺序过程。如图 5-6 所示。

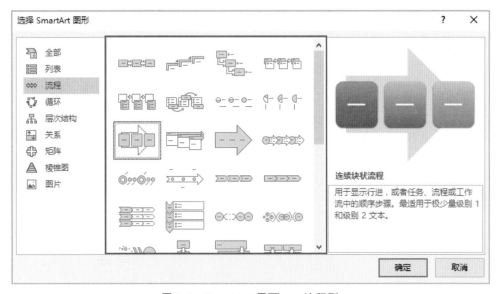

图 5-6　SmartArt 界面——流程型

3. 循环型（16 种）

表示阶段、任务或事件的连续序列，主要用于强调顺序过程或与主要事件的关系。如图 5-7 所示。

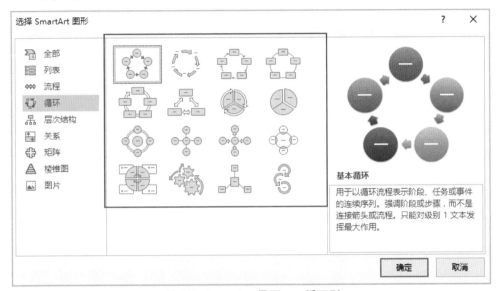

图 5-7　SmartArt 界面——循环型

4. 层次结构型（13 种）

用于显示组织中的分层信息或上下级关系，广泛应用于组织结构图。如图 5-8 所示。

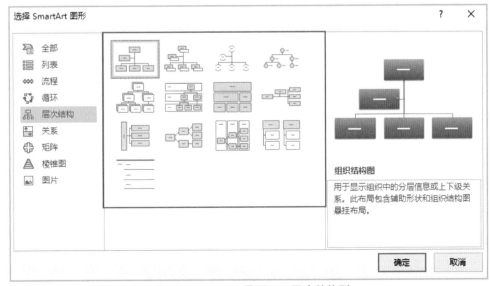

图 5-8　SmartArt 界面——层次结构型

5. 关系型（37 种）

用于表示两个或多个项目之间的关系，或者多个信息集合之间的关系，如图 5-9 所示。

图 5-9　SmartArt 界面——关系型

6. 矩阵型（4 种）

用于以象限的方式显示部分与整体的关系，如图 5-10 所示。

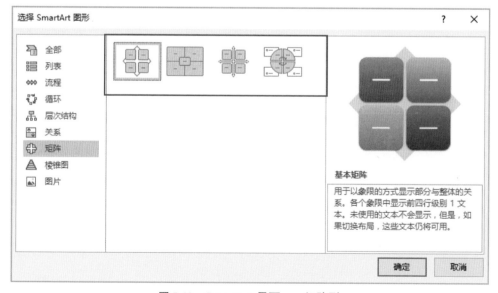

图 5-10　SmartArt 界面——矩阵型

7. 棱锥图型（4 种）

用于显示比例关系、互连关系或层次关系，最大的部分置于底部，向上渐窄，如图 5-11 所示。

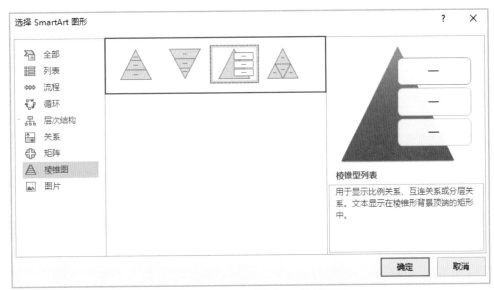

图 5-11 SmartArt 界面——棱锥图型

8. 图片型（31 种）

主要应用于包含图片的信息列表，如图 5-12 所示。

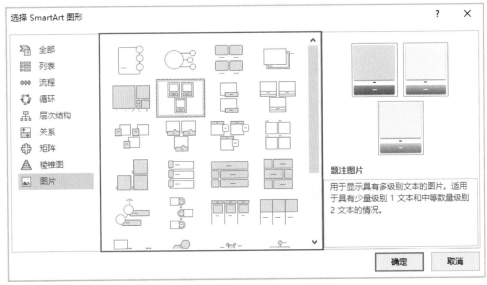

图 5-12 SmartArt 界面——图片型

5.1.1　SmartArt 常规设置

如图 5-13 所示为 SmartArt 的常见设置。

添加形状	● 向所选的 Smartart 中添加各种同级或者下级形状
添加项目符号	● 在所选文本的同一级别添加项目符号
文本窗格	● 选择显示 SmartArt 对应的文本输入框进行编辑
升级/降级	● 提升/降低所选 SmartArt 的图形组件的级别
从左到右/从左到右	● 更改当前选择的 SmartArt 的布局方式
上移/下移	● 移动当前正在编辑的文本位置
版式	● 更改选择其他 SmartArt 的版式
更改颜色	● 更改 SmartArt 图形中包含的元素颜色的组合
Smartart 样式	● 根据所选的 SmartArt 选择更多的图形样式
重设图形	● 将图形转换为没有任何美化效果的 SmartArt 图形
转换	● 将 SmartArt 转换为文本或者彻底打散的形状或者文本框组合

图 5-13　SmartArt 常见设置

一般情况下，在 SmartArt 中可以直接输入文字，还可以单击左侧的箭头调出文本窗格，可以直接输入文字，如图 5-14 所示。

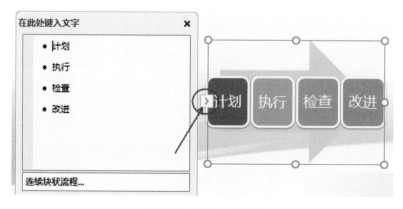

图 5-14　显示文本窗格

在文本窗格中，按 Enter 键可以直接添加新的形状，操作起来非常方便，如图 5-15 所示。

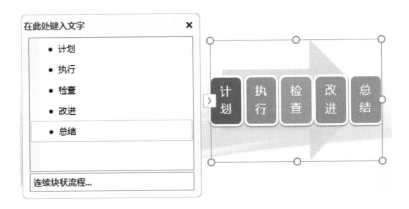

图 5-15 SmartArt 文本窗格与形状对应

如果输入的文字显示层次感，就需要对文字做升降级处理。可以通过 "SmartArt 工具"-"设计" 中的 "升级" 和 "降级" 按钮来操作，如图 5-16 所示，升降级效果如图 5-17 所示。

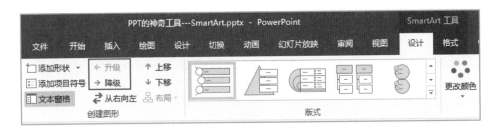

图 5-16 SmartArt 的升降级命令

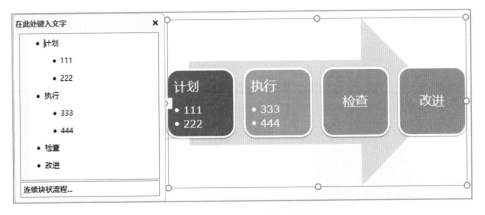

图 5-17 SmartArt 升降级效果

当然也可以使用 PPT 中的升降级快捷键，升级的快捷键是 Shift + Tab，降级的快捷键是 Tab。使用快捷键操作时要注意光标应放在文字的前面。

文字内容设置好以后，可以根据表达的内容选择不同的颜色方案，如图 5-18 所示。

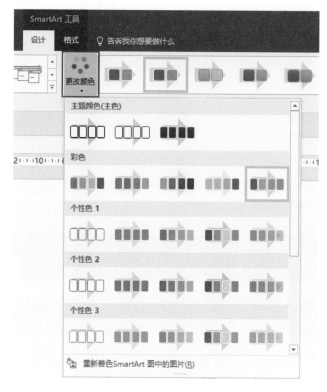

图 5-18　SmartArt 颜色方案更改

如图 5-19 至图 5-21 所示是 3 种不同的颜色方案。

如果对方案的颜色不满意，可以对文件的主题颜色进行修改，也可以自定义设置填充颜色。

图 5-19　SmartArt 颜色方案 1

图 5-20　SmartArt 颜色方案 2

图 5-21　SmartArt 颜色方案 3

5. 1. 2　神奇之一：内容不变布局变

辛辛苦苦做出来的 SmartArt 图形化的内容，有时可能需要调整展示的方式，比如把流程图改成循环图，如图 5-22 所示。

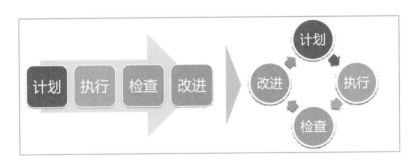

图 5-22　SmartArt 布局转换

不必像形状那样完全手动调整，因为 SmartArt 就是 PPT 中的魔术师，可以在保证内容不变的情况下修改布局。

操作位置：单击"SmartArt 工具"-"设计"中"版式"组右下角的下拉小箭头，展开更多的布局，或者选择"其他布局"查看所有布局，如图 5-23 所示。

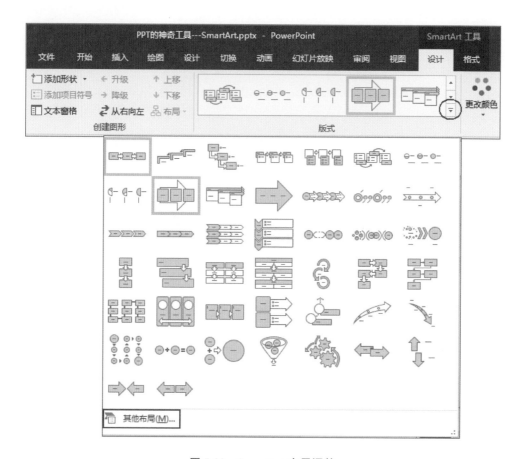

图 5-23   SmartArt 布局调整

在调整布局的时候，可能会出现文本内容丢失的现象，比如图 5-24 表示相互关系的齿轮结构，因为这种结构最多支持 3 行文本，其他文本会被隐藏起来，但在更改成其他布局的时候还会显示。

5.1.3   神奇之二：文字一键高大上

图 5-25 所示是纯文字的公司介绍，文字已经提炼好，并采用了最常见的三段式。SmartArt 可以快速把文字形象化显示，实现文字一键高大上。

在文字上直接单击鼠标右键，选择"转换为 SmartArt"命令，如图 5-26 所示，选择对应布局即可。

如图 5-27 所示是转换后的效果，图 5-28 所示是增加了类别名称，并调整好级别的效果，看起来一目了然，也符合结构化中"结论先行"的原则。

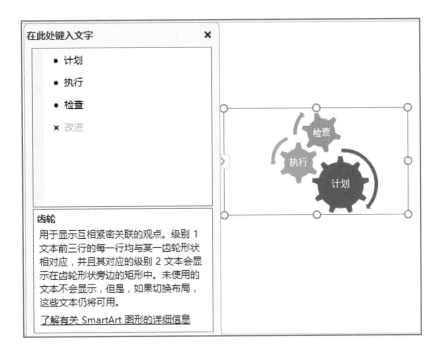

图 5-24 SmartArt 布局调整导致内容隐藏

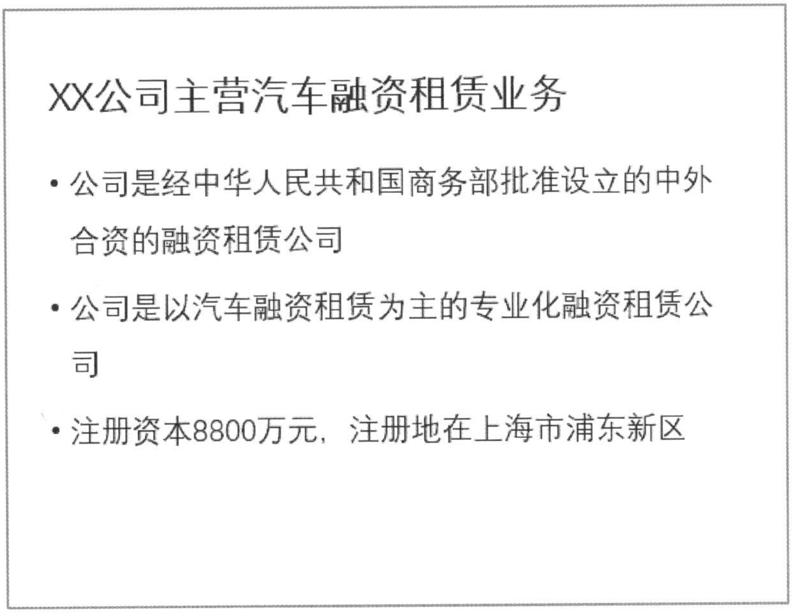

XX公司主营汽车融资租赁业务

- 公司是经中华人民共和国商务部批准设立的中外合资的融资租赁公司
- 公司是以汽车融资租赁为主的专业化融资租赁公司
- 注册资本8800万元，注册地在上海市浦东新区

图 5-25 公司文字介绍

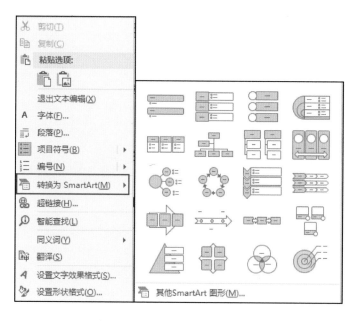

图 5-26　文字转换成 SmartArt 命令

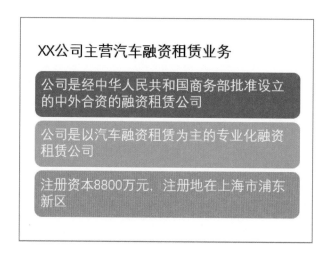

图 5-27　文字转成 SmartArt 效果 1

　　如果转换完成后后悔了，还想恢复纯文字的效果，可以通过选择"SmartArt 工具"-"设计"-"转换为文本"命令来实现，就是这么方便。如图 5-29 所示。

　　所以文字和 SmartArt 之间是双向转换的，SmartArt 到形状是单向转换的。SmartArt 转换成形状后，就不能自动设置布局和颜色了，但是具有形状灵活多变的特点，可以对部分形状进行删除或者调整格式等操作，如图 5-30 所示是

SmartArt 与文字和形状的关系。

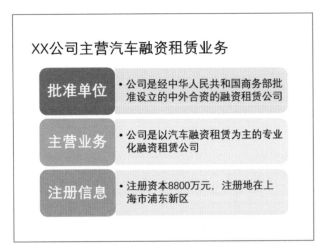

图 5-28　文字转成 SmartArt 效果 2

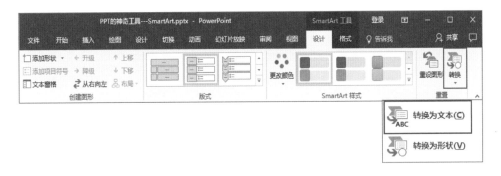

图 5-29　SmartArt 转成文字命令

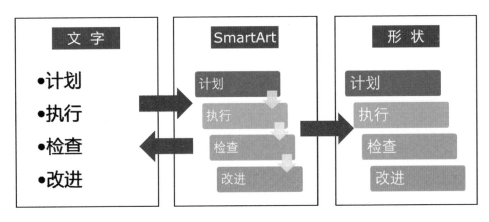

图 5-30　SmartArt 与文字和形状的转换关系

5.1.4　神奇之三：一键生成照片墙

在工作中，如果要在 PPT 中展示多个场景的照片，并在每张照片下方填写照片说明，做成 2 行 ×3 列规则的照片墙效果，怎么办呢？

常规办法是一次插入 6 张照片，调整好大小和长宽比例，再通过"对齐"和"分布"按钮来规范化。这样的操作费时费力，还容易出现错误。

其实，PowerPoint 2010 及以上版本的软件中，SmartArt 可以快速把照片变成照片墙的效果。

在一次插入 6 张照片后，选中这些照片，通过"图片工具"-"格式"-"图片版式"命令，可以快速选择其中的照片墙布局。如图 5-31 所示。

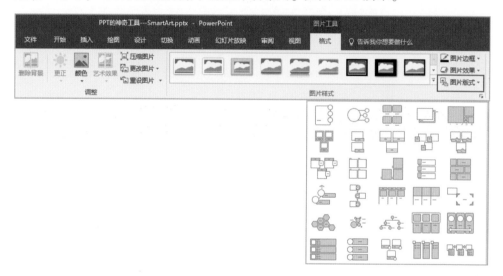

图 5-31　图片 SmartArt 版式布局

通过调整 SmartArt 的大小就可以设置成 2 行 ×3 列的效果，如图 5-32 所示。

图 5-32　照片转换成 SmartArt 照片墙的效果

对于不规则的照片墙，也可以通过 SmartArt 中的多边形做出来。

单击 SmartArt 中的单个形状，通过"SmartArt"-"格式"-"形状填充"-"图片"命令，来选择对应的图片。如图 5-33 所示。

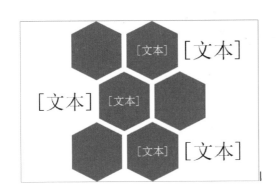

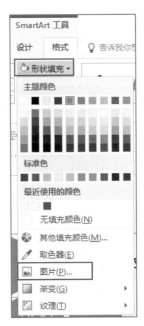

图 5-33 SmartArt 形状填充图片

全部形状填充图片的效果如图 5-34 和图 5-35 所示。

图 5-34 SmartArt 不规则照片墙效果 1

图 5-35   SmartArt 不规则照片墙效果 2

SmartArt 转换成形状后，可以将所有形状组合后再填充图片，从而实现图片分隔的效果，如图 5-36 所示。

图 5-36   SmartArt 不规则照片墙效果 3

5.1.5　神奇之四：快速制作组织结构图

在企业中经常要在 PPT 报告中展示公司的组织结构，常规做法是用形状画出来，添加文字，如图 5-37 所示。

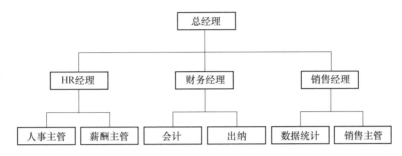

图 5-37　用形状制作组织结构

这种做法较容易上手，但是步骤烦琐，涉及形状的对齐和分布，以及连接线与吸附点等工具。而用 SmartArt 制作更快速方便，先通过升级和降级调整文本级别，可以快速转换成需要的 SmartArt 组织结构图。

还以图 5-37 所示的组织结构为例，输入职位列表，通过 Tab 键调整好级别，转换成 SmartArt 中的组织结构图，最后调整好配色和立体效果，如图 5-38 所示。

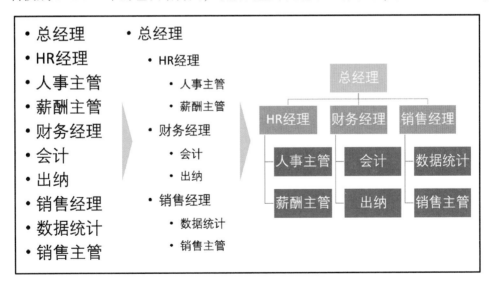

图 5-38　文字转换成 SmartArt 组织结构图

默认的组织结构图中的第三级职位是纵向排列的，如果要横向排列，可以选中它们的上级，通过"SmartArt 工具"-"设计"-"布局"-"标准"命令进行设置，如图 5-39 所示。

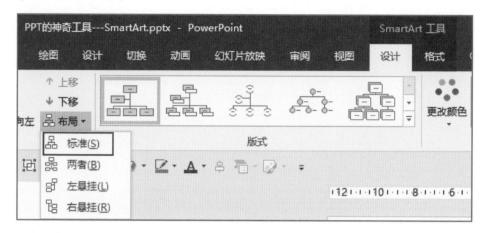

图 5-39   SmartArt 组织结构布局设置

如图 5-40 至图 5-42 所示是设置后的效果示例。

图 5-40   SmartArt 组织结构示例 1

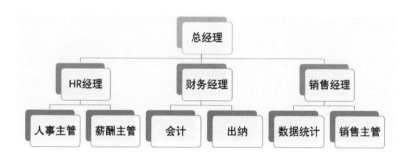

图 5-41   SmartArt 组织结构示例 2

通过以上介绍，让读者快速了解了 SmartArt 的功能设置和可以实现的效果。如果你经常制作 PPT 报告，并且没有用 SmartArt 这个功能，那么你的工作效率至少会降低 30%，所以要用好这个神奇的工具。

图 5-42　SmartArt 组织结构示例 3

5.2　图片优化

在 PPT 中使用最多的就是图片，俗话说："字不如表，表不如图。"最好的 PPT 就是用图片说话，因为图片更直观，比较符合观众的观看习惯。

5.2.1　图片设计器

在 PowerPoint 2016 中，新增了"设计器"，如图 5-43 所示。设计器能够根据用户提供的内容自动生成多种多样的建议，用户可以选择适合的布局显示效果。

图 5-43　设计理念按钮位置

设计器中的设计理念可以为含照片的幻灯片提供多种图文混排布局，在时间不足的情况下，不失为一种好的方法。

将图片添加在幻灯片上，一般右侧能自动生成设计理念的多种布局效果，如图 5-44 所示。

选中合适的缩略图后，设计版式将会自动应用到当前的幻灯片中。

如果含图片的幻灯片没有出现设计理念，那么请按以下要求检查一下：

1) 保证 Internet 网络畅通。

图 5-44　图片设计理念效果

2）每张幻灯片最多使用两张照片（.jpg、.png、.gif 或 .bmp），并确保其大小超过 200×200 像素。

3）请不要在同一张幻灯片上使用任何其他对象或形状作为照片。

4）使用 PowerPoint 自带主题（非自定义主题或从其他地方下载的主题）。

5）请确保幻灯片应用了"标题"或"标题和内容"的幻灯片版式，如图 5-45 所示。

如果不想自动弹出 PowerPoint 设计器，可以在"文件"-"选项"-"常规"中，取消选中"自动显示设计灵感"复选框，如图 5-46 所示。

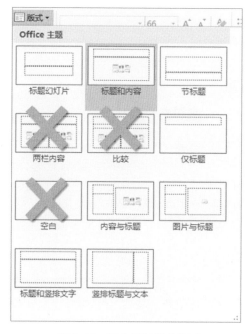

图 5-45　适合设计器的版式

图 5-46　取消选中"自动显示设计灵感"复选框

5.2.2　透明字效果

在 PPT 报告中使用特殊字体能够带来一定的视觉冲击力，如果文字是由图片填充的，更能带来心灵的震撼，如图 5-47 所示。

图 5-47　透明字效果

完成这样的透明字效果只需三步操作即可，如图 5-48、图 5-49 和图 5-50
所示。

图 5-48　制作透明字步骤 1

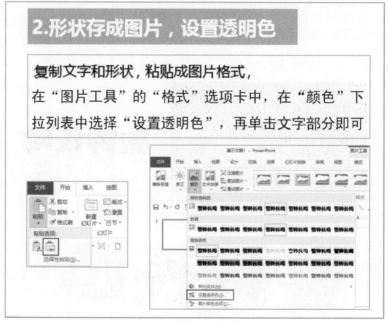

图 5-49　制作透明字步骤 2

文字透明的效果如图 5-50 所示，现在还是两层图片，再按图 5-51 调整位置并截图，即可完成透明字的设置。

图 5-50　制作透明字步骤 3

图 5-51　透明字双层图片效果

透明字效果广泛，常常用于广告、宣传和警示，如图 5-52 所示。

图 5-52　透明字效果示例

5.2.3　图片压缩

如果 PPT 报告中的图片很多，或者图片文件很大，会导致 PPT 文件同样很大，常常会受到邮箱容量的限制。想要减小 PPT 文件的整体大小，对图片进行压缩是一个非常有效的方法之一。"图片压缩"按钮在"格式"选项卡中，如图 5-53 所示。

图 5-53　图片压缩的位置

在压缩图片时，要确定：

- 是压缩本张图片，还是 PPT 文件中的所有图片？
- 是否删除图片裁剪区域？

在图 5-54 所示的对话框中确认即可。

PPT 中图片的分辨率分别有：96ppi、150ppi、220ppi、330ppi，如果是做投影显示，一般来说 150ppi 和 220ppt 就够用了。

5.2.4　图片资源推荐

很多人在制作 PPT 时都想用一些图片，但是苦于找不到合适的图片。百度搜索出来的图片，可能不是自己想要的，也可能图片尺寸不够或是像素太低，全屏演示时非常影响用户体验。

图 5-54　图片压缩的选项

这里推荐两个好用的图片网站。

1. 全景图片网（www. quanjing. com）

全景图片网如图 5-55 所示。

图 5-55　全景图片网

图片质量不错，包含不同用途的不同格式，可以下载小样张试用，日常工作足够使用了。

2. 500px（www. 500px. com）

500px 网站如图 5-56 所示。

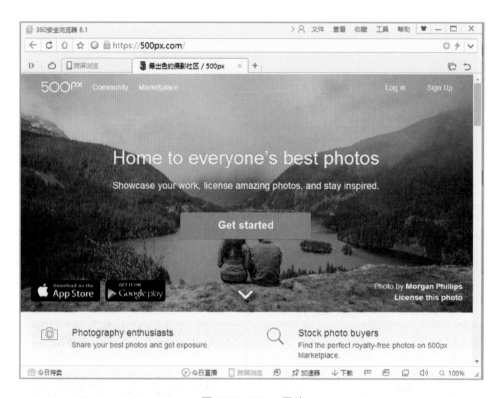

图 5-56　500px 网站

500px 网站是英文界面，注册后才能使用，致力于摄影分享、发现、售卖的专业平台，来自世界各地的摄影师是主要用户。

3. pixbaby（https：//pixabay. com/）

pixbaby 网站如图 5-57 所示。

该网站是中文界面，图片和视频全部免费，有着较为详细的分类。

5.3　形状优化

形状是制作 PPT 常常使用的工具。给形状填充不同的颜色，也会显示不同的风格，不同的形状可以传递不同的信息，形状和文字结合更直观，可加深这种信息的表达。

图 5-57　pixbaby 网站

5.3.1　形状规范化设置

1. 设置默认形状

在制作 PPT 时，如果直接在页面中插入不同的形状，如图 5-58 所示，默认的都是以蓝色填充形状的。

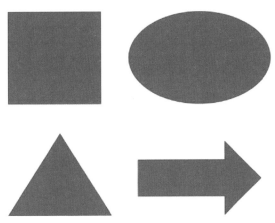

图 5-58　默认的蓝色形状格式

　　而这并不是你需要的，如果逐个修改太麻烦，这里推荐设置默认形状。选择一个形状，通过"绘图工具"-"格式"-"形状填充"设置填充颜色为白色，通过"绘图工具"-"格式"-"形状轮廓"设置边框为黑色。

　　在设置好格式的形状上，单击鼠标右键，选择"设置为默认形状"命令即可，如图 5-59 所示。

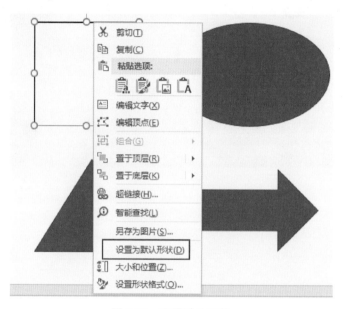

图 5-59　设置默认形状

　　这样设置后，以后在本文档中插入的所有形状都按刚才的设置显示，非常方便。

2. 快速复制

　　在 PPT 页面中，经常要复制多个相同的形状，并且间距相同，如果用快捷键 "Ctrl + C/V"来做，步骤烦琐。这里推荐的快捷键是"Ctrl + D"，如图 5-60 所示。

❶Ctrl+D　　　　**❷移动第2个形状**　　　　**❸连按Ctrl+D**

图 5-60　形状的快速复制

　　按图 5-60 所示的步骤可以快速并且等距离添加多个形状，要注意的是在整个操作过程中，不要用鼠标单击形状以外的位置，可能会使快速复制失效的。

3. 对齐和分布

　　对于已经做好的形状，如果在布局上不规范，如图 5-61 所示，建议采用

"对齐"和"分布"工具。

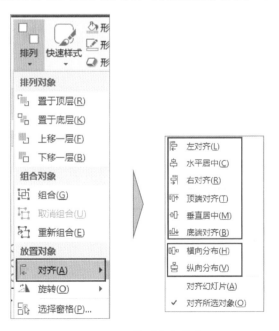

图 5-61　形状不规范的示例

图 5-61 中的 4 个部门没有对齐，也没有等间距，是常见的形状不规范的效果。选中这 4 个形状，按顶端对齐和横向分布即可快速规范。如图 5-62 和图 5-63 所示。

图 5-62　形状对齐和分布

公司各部门核心职能调整方案

技术研发部	质量保证部	销售部	生产部
•新产品研发 •工艺管理 •技术改造 •安全管理	•质保体系建设 •质量管理 •质量检验 •标准化管理	•销售计划制订 •客户开发 •订单管理 •销售回款管理 •客户关系管理 •售后服务	•生产计划调度 •生产统计与分析 •现场管理

图 5-63　形状对齐分布后的效果示例

还可以使用 Nordri Tools 插件快速复制形状，如图 5-64 和图 5-65 所示。

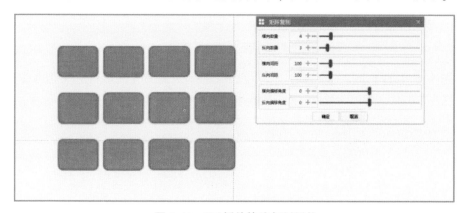

图 5-64　NT 插件快速复制形状

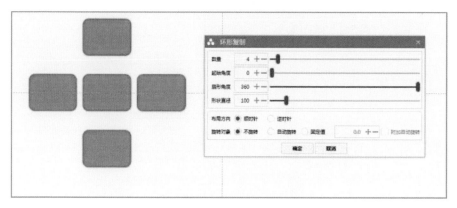

图 5-65　NT 插件快速布局形状

5.3.2 形状与文字综合应用

PPT 中的形状并非单独应用，把形状和文字综合起来可以表现丰富的内容，如图 5-66、图 5-67、图 5-68 和图 5-69 所示。

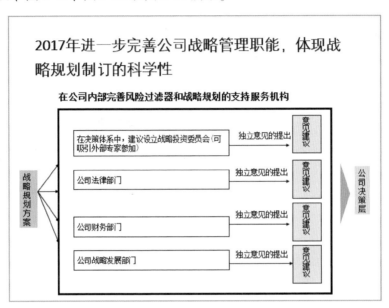

图 5-66 形状与文字综合应用示例 1

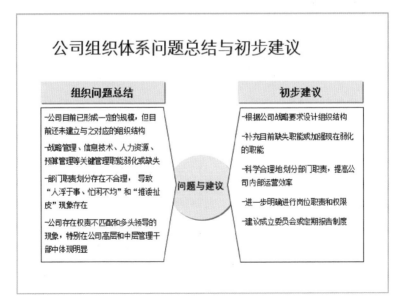

图 5-67 形状与文字综合应用示例 2

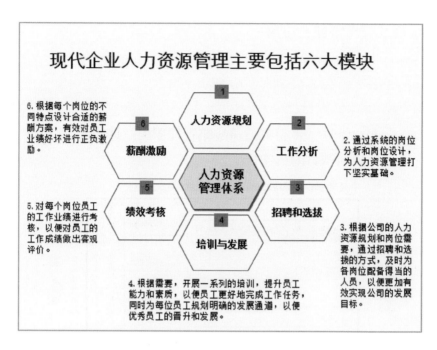

图 5-68   形状与文字综合应用示例 3

图 5-69   形状与文字综合应用示例 4

这只是很少的例子，著名咨询公司一般都有上百页的图形模板，供咨询师添加文字，快速制作成内容丰富的咨询报告。

5.3.3　形状蒙版与布尔运算

在形状使用上，也常常使用半透明的效果，如图 5-70 所示，称为蒙版。

图 5-70　形状透明度设置

蒙版效果常用于 PPT 封面和全图型 PPT 的设计中，使用了蒙版既能看清楚文字，又能浏览图片。如图 5-71 所示是设计出的 3 种形状不同的透明度效果。

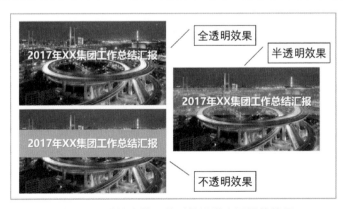

图 5-71　设计出的 3 种形状透明度不同的效果

形状蒙版效果还可以做出如图 5-72 所示的效果。

图 5-72　形状蒙版效果

这里面用了两个形状，分别是矩形和圆形，除了使用透明效果外，还用到了形状的布尔运算的"剪除"功能。形状的布尔运算共 5 种类型，如图 5-73 所示。

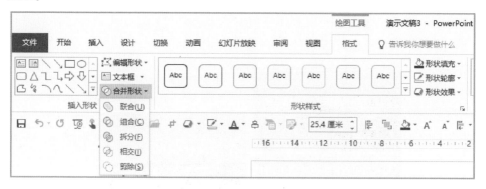

图 5-73　形状布尔运算的 5 种类型

将矩形设置好透明度后，先选择矩形，再选择圆形，依次单击"合并形状"-"剪除"按钮即可。形状的剪除效果如图 5-74 所示。

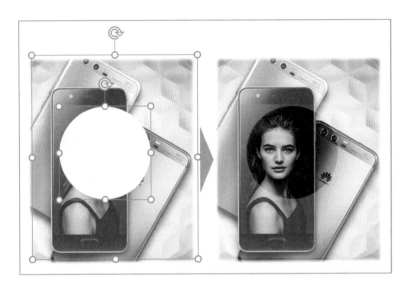

图 5-74　形状的剪除效果

5.4　表格优化

PPT 中表格承载的信息量也很大，不单纯是数字信息，还有文字、边框和颜色的综合运用，表达出并列、对比或时间进度等信息。本节主要介绍表格规范化和优化的方法。

5.4.1　表格规范化设置

以一个数据表格为例，如图 5-75 所示，同样可以应用于文字表格。

XX公司第1季度三大城市销售数据表

月份　城市	北京	上海	广州
1月	811	990	392
2月	800	703	122
3月	220	891	463
1季度合计	1831	2584	977

图 5-75　PPT 原始表格素材

这页 PPT 要表达的是某公司 1 月—3 月在北京、上海、广州三大城市的销售额数据，表格没有任何修饰，不够美观。

下面介绍常见的表格必备工具——套用表格样式，将为表格套用方案"中等样式 2—强调 1"，如图 5-76 所示。

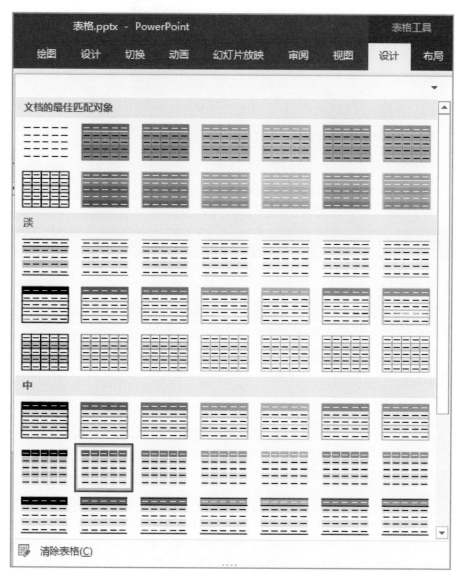

图 5-76　套用表格样式

设置表格样式，选中"标题行"和"镶边行"复选框，如图 5-77 所示。

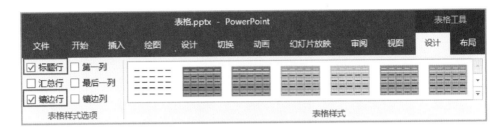

图 5-77　表格样式选项

将表格标题文字字体设置为微软雅黑，增大字号，分行显示，效果如图 5-78 所示。

XX公司第1季度
三大城市销售数据表

城市 月份	北京	上海	广州
1月	811	990	392
2月	800	703	122
3月	220	891	463
1季度合计	1831	2584	977

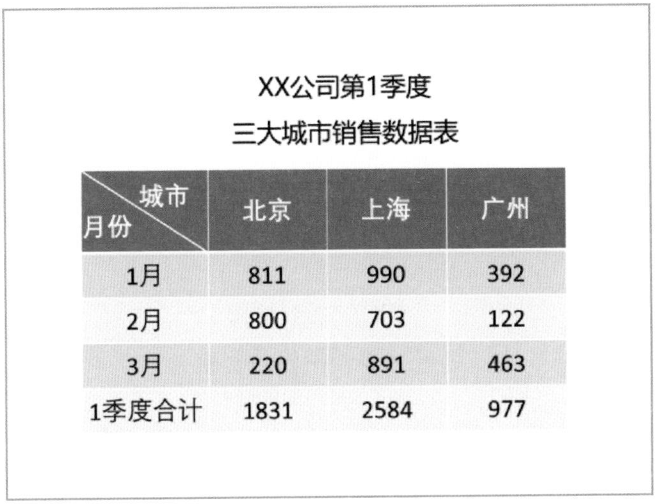

图 5-78　表格样式套用效果

5.4.2　表格优化 5 种方案

针对上面的表格，因为上海销售业绩突出，要突出显示上海的销售数据，可以采用 5 种优化方案。

1. 优化方案 1：凸显文字颜色

将上海数据加粗，将北京和广州数据变成灰色显示。如图 5-79 所示。

2. 优化方案 2：放大显示

将上海数据复制并粘贴出来，放大上海表格。如图 5-80 所示。

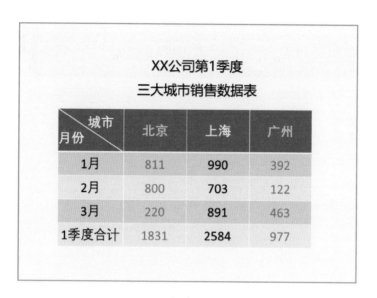

图 5-79 凸显表格文字颜色

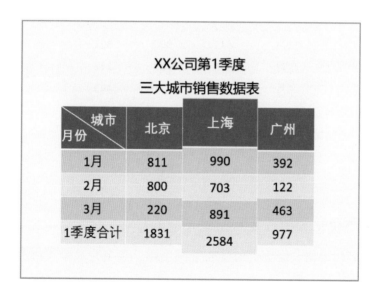

图 5-80 表格放大显示

3. 优化方案 3：颜色 + 放大凸显法

此方案的效果图如图 5-81 所示。

图 5-81　表格颜色 + 放大凸显

4. 优化方案 4：形状边框法

添加一个矩形，无填充颜色，边框为红色虚线，如图 5-82 所示。

图 5-82　形状边框凸显

上面是常见表格的 4 种优化方法，工作中还会遇到财务数据表格，表格结构比上面的表格要复杂，如图 5-83 所示。

5. 优化方案 5：色块分隔法

把表格不同的部分用色块分隔开来，看起来更清晰，如图 5-84 所示。

2014—2018年XX公司利润表

项　　目	2014	2015	2016	2017E	2018E
一、营业收入	5744	7989	9187	10565	12150
其中：主营业务收入	5744	7989	9187	10565	12150
二、营业成本	4606	5533	6516	7681	9064
其中：主营业务成本	4116	4998	5900	6973	8250
营业税金及附加	31	43	49	56	65
销售费用					
管理费用	449	478	550	633	728
财务费用	1	1	2	2	2
资产减值损失	9	13	15	17	19
三、营业利润	1138	2456	2672	2885	3087
加：营业外收入	3	3	3	4	4
减：营业外支出	1	1	1	1	1
四、利润总额	1140	2458	2674	2887	3089
减：所得税费用	285	614	668	722	772
五、净利润	855	1843	2005	2165	2317

图 5-83　财务表格原始效果

XX公司
2014——2018年利润表

项　　目	2014	2015	2016	2017E	2018E
一、营业收入	5744	7989	9187	10565	12150
其中：主营业务收入	5744	7989	9187	10565	12150
二、营业成本	4606	5533	6516	7681	9064
其中：主营业务成本	4116	4998	5900	6973	8250
营业税金及附加	31	43	49	56	65
销售费用					
管理费用	449	478	550	633	728
财务费用	1	1	2	2	2
资产减值损失	9	13	15	17	19
三、营业利润	1138	2456	2672	2885	3087
加：营业外收入	3	3	3	4	4
减：营业外支出	1	1	1	1	1
四、利润总额	1140	2458	2674	2887	3089
减：所得税费用	285	614	668	722	772
五、净利润	855	1843	2005	2165	2317

图 5-84　财务表格优化效果

5.5 图标优化

在 PPT 报告中，图标可以使 PPT 页面更有趣、更直观。通过图标组合出来的图片，比大段的文字更加形象有趣，而随着扁平化的设计风格开始流行，也让图标的运用更为广泛和实用。

5.5.1 PowerPoint 2016 图标工具

这是 PowerPoint 2016 新增加的功能，如图 5-85 所示。如果在"插入"选项卡中没有发现"图标"按钮，那么你的 PowerPoint 软件需要升级了。

图 5-85 图标的位置

单击"图标"按钮，会弹出一个黑白的简洁图标库，如图 5-86 所示。

图 5-86 图标库显示

图标库都是精选 PPT 报告中经常使用的图标，非常实用。点击其中一个图标，单击"插入"按钮，图标会自动下载到 PPT 中。这时会发现，这是 PNG 格式的图标，不用花费时间去删除背景。因为是矢量图，还可以无损放大，不会出现锯齿边缘，可以更改填充颜色，如图 5-87 所示。

图 5-87　自带的图标矢量图

直接使用图标，就可以快速制作出运营成本的五大类别，如图 5-88 所示。

图 5-88　图标应用示例 1

5.5.2　图标综合运用

图标往往和其他的对象组合使用，可以是文字、形状、图片和 SmartArt 等。比如图标和 SmartArt 组合，如图 5-89 和图 5-90 所示。

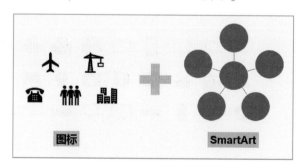

图 5-89　图标与 SmartArt 结合示意

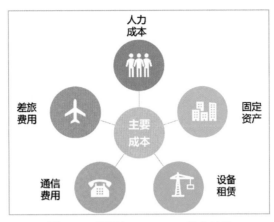

图 5-90　图标与 SmartArt 结合效果

5.5.3　外部图标资源

对于版本不是 PowerPoint 2016 的读者来说，只能通过其他外部资源获取图标，下面介绍获取图标的方法。

1. Icons8 桌面软件

这是一款桌面端软件，支持将图片直接拖动到 PPT 中，在首页中能够看到，支持 40000＋的免费图标，如图 5-91 所示。

图 5-91　Icons8 网站首页

如果要下载图标，需要单击"Download"超链接下载软件，安装使用，如图 5-92 所示。

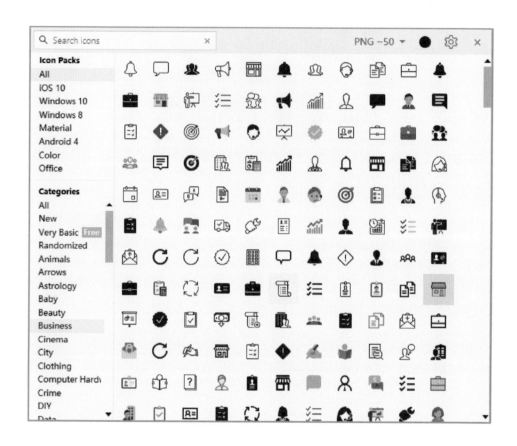

图 5-92　Icons8 软件界面

在软件中可以选择不同的图标类别和不同的颜色，直接用鼠标拖到 Office 文件中使用即可。目前图标搜索仅支持英文。

2. easyicon（www. easyicon. net）

这个网站不需要下载软件，在线就能搜索，并且支持中文。输入"飞机"，就可以直接跳转到"plane airplane aircraft"页面，显示所有与"飞机"有关的图标。

单击图标后，会出现各种不同大小规格的图标供选择，并有 3 种格式的图标下载按钮和一个转换按钮，如图 5-93 所示。

图 5-93　easyicon 网站图标搜索

5.6　地图优化

　　PPT 中使用地图主要是为了解决一些用文字及图表很难表达的展示，特别是在涉及到的地点比较多，或者是不同的地点需要对比时。

　　地图具有让人一目了然的特点，在这里介绍下地图在 PPT 中的两种应用方法。

5.6.1　地图涂色法

通过对每个省份/区域填充深浅不同的颜色，可以表现某项数据的区域分布情况。

5.6.2　地图标记法

在地图上标记名称或数字，来体现某项业务的分布。

通过线条在地图上做出标记，体现不同的地理范围。

还可以把数据表作为地图上的标记来体现数据分布。

第 6 章
数据可视化——让图表会说话

随着大数据应用越来越广泛，数据可视化也变得很热门。在 PPT 报告中如果要表达数据信息，从形象化的角度来看，应该首选图表。图表又分为定量的数据图表和定性的非数据图表。本章介绍各种图表在 PPT 商务报告中的展现。

6.1 图表的商务气质

如图 6-1、图 6-7 和图 6-10 所示是一组来自于《商业周刊》杂志的图表，看起来精美专业，具有一种职场精英式的"商务气质"。他们是如何做到这些效果的呢？

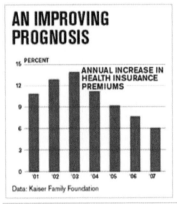
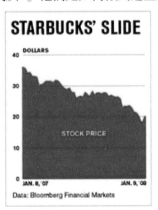
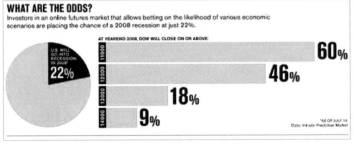

图 6-1　《商业周刊》杂志图表示例 1

大多数人制作图表，都会使用 Excel 或者 PowerPoint 的默认格式。这样的图表可以称为"街图"，因为大家都在用，离专业的商务图表还有差距。下面主要从图表的布局、配色和字体 3 个方面进行优化。

6.1.1 布局

在商务图表中主要包含 4 个区域，分别是图表区、标题区、绘图区和图例区，如图 6-2 所示。

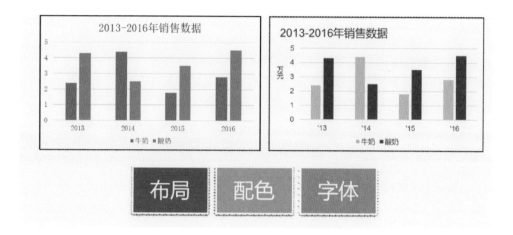

图 6-2 商务图表优化三要素

在 PowerPoint 2016 中，选择图表后，可以通过"图表工具"-"设计"-"添加图表元素"命令，添加或删除对应的图表内容，或者通过"快速布局"功能来进行图表布局调整。如图 6-3、图 6-4 和图 6-5 所示。

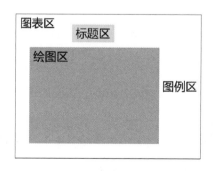

图 6-3 数据图表布局

图 6-4 数据图表布局示意

图 6-5 添加图表元素和快速布局

6.1.2 配色

专业的图表往往具有专业品质的配色。配色一般根据公司 LOGO 的主色调或者 PPT 模板的颜色来设计，这方面内容在本书的第 7 章中有专门的介绍。

除上面的方法，还可以快速模仿专业的商务图表的颜色。在 PowerPoint 2013 和 2016 版本中自带取色器，如图 6-6 所示，可以直接获取指定颜色的 RGB 的具体数值。其他版本的 PowerPoint 没有取色器，推荐使用第三方的软件 ColorPix 也可以实现。

比如《商业周刊》杂志中这张图表的颜色（图 6-7），可以用取色器获取或直接应用于自己的图表中，如图 6-8 所示，让你的图表颜色快速专业化，如图 6-9 所示。

图 6-6　软件自带取色器

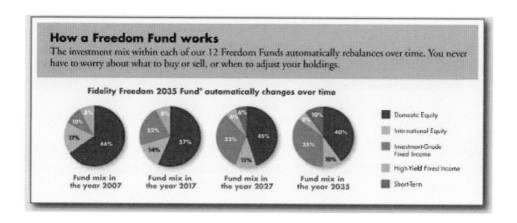

图 6-7　《商业周刊》杂志图表示例 2

图 6-8　获取颜色 RGB 数值

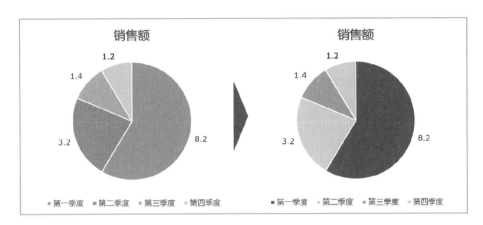

图 6-9　数据图表颜色优化

6.1.3　字体

商业图表中的字体多选用无衬线类字体。如图 6-10 所示的《商业周刊》图表案例，其中的阿拉伯数字使用的是专门定制的 Akzidenz Grotesk condensed bold 字体，风格非常鲜明。

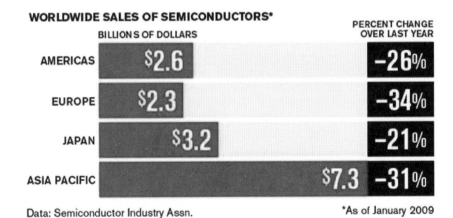

图 6-10　《商业周刊》杂志图表示例 3

在常规情况下，可以对图表和表格中的数字使用 Arial 字体，中文使用微软雅黑字体，效果就比较好。

6.2 常见定量图表

图表效果直观的特性比文字更能吸引观众的注意力。图表也因此承担了绝大部分传达信息的职责,文字的功能更多在于解释说明。图表类型很多,怎么选择合适的图表类型呢? 可以参考图 6-11 所示。

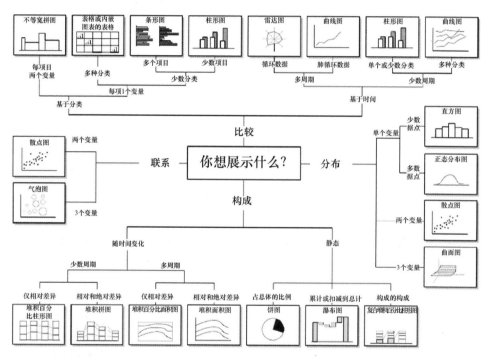

图 6-11 图表使用思维 (来源于 http://extremepresentation.com)

6.2.1 柱状图

柱形图是在数据图表中最常用的图表类型。在插入柱形图时,有 3 种样式可选择,分别是簇状柱形图 (图 6-12)、堆积柱形图 (图 6-13) 和百分比堆积柱形图 (图 6-14)。

使用柱形图时,横轴常常表达一定的顺序,最常见的就是时间顺序,这样看起来比较清晰。上面 3 种类型的柱形图也可以综合使用,如图 6-15 所示。

堆积柱形图在绝大部分场合都可以代替饼图,与饼图相比,柱形图的不同的柱之间可比性更强,效果更直观,而且形状更规整,利于排版。

图 6-12　簇状柱形图

图 6-13　堆积柱形图

图 6-14　百分比堆积柱形图

图 6-15　柱形图应用

6.2.2　饼图

饼图是通过圆形中心的角度表现数据大小的，主要是展现各部分占总体的情况，常用于表现市场占有率。一般情况下，饼图不宜分割过多，建议 5 ~ 7 块为宜。

看如图 6-16 所示饼图优化示例的两张饼图，同样的数据有不同的表现方式。

左图是原始数据图表，右图是经过优化的图表，主要体现了 3 种优化的原则，供参考。

1）数据由大到小排序，显得更有条理。

2）起点从 12：00 位置开始，这常常是观众第一眼看的位置。

3）避免使用图例，直接标注更清楚。

有时候，某一部分需要特别展开，可使用复合饼图。复合饼图有圆方图和圆圆图。经常用于表现财务数据，如图 6-17 和图 6-18 所示。

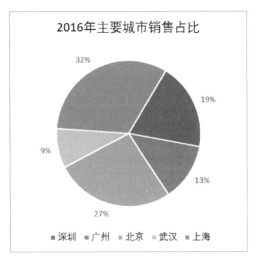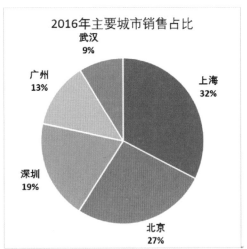

图 6-16　饼图优化示例

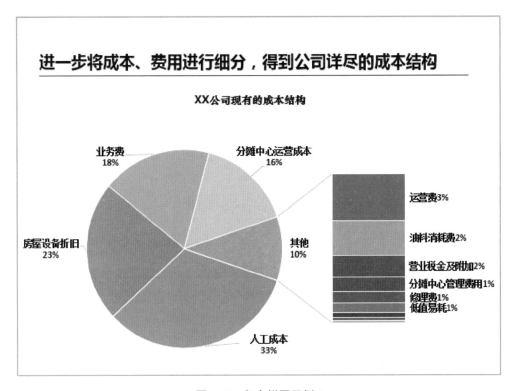

图 6-17　复合饼图示例 1

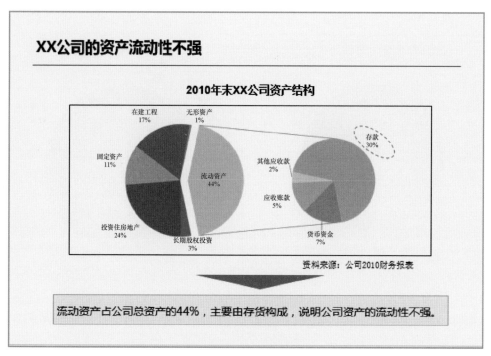

图 6-18　复合饼图示例 2

6.2.3　折线图

折线图常常根据时间发展来体现数据变化，如图 6-19 所示。折线图的形状和折线的斜率直观地表现出了变化率，而柱状图更注重表现变化量。

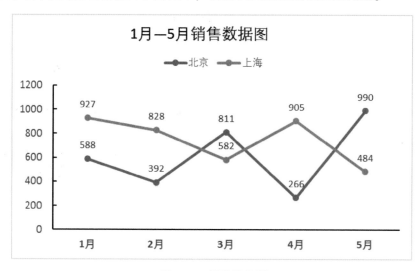

图 6-19　折线图示例

在数据类别较多的情况下，折线图和柱形图常常可以同时展示，称为线柱组合图。在做线柱组合图的时候，如果数量级别差距大，就可以用双 Y 轴图，柱形按左边数轴显示，折线按右边数轴显示，如图 6-20 所示。

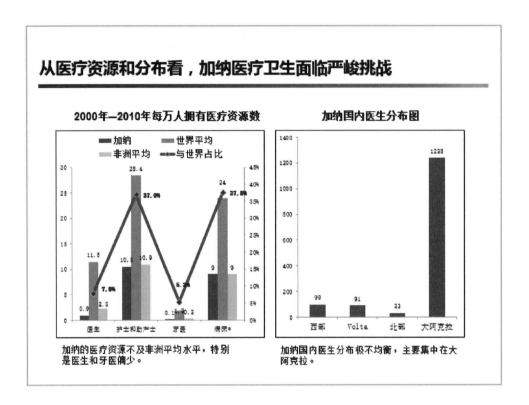

图 6-20　线柱组合图

6.2.4　面积图

面积图是利用多边形的大小，即面积，来表示数据的图形。面积图和折线图类似，但它的长处是能表现出各数据的值和横轴之间的面积大小。

如图 6-21 所示，左图用面积展现两座城市 1 月—5 月销售数据的变化，但是在交叉处会看不到底层的图表，所以普通面积图适合没有交叉的数据。为了避免数据遮挡，可以调整面积形状填充颜色的透明度，做出半透明的状态（如图 6-21 右图）。

也常常用堆积面积图表现合计的变化，如图 6-22 所示，表现方式类似于堆积柱形图。

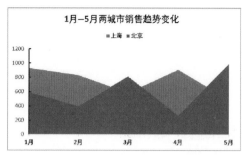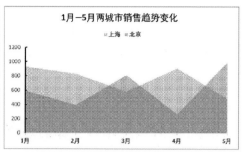

图 6-21　面积图示例

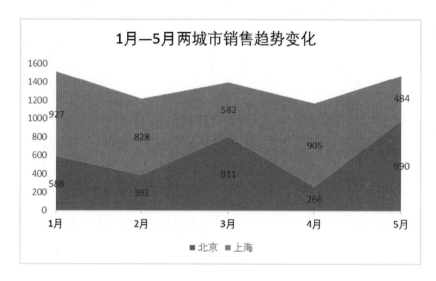

图 6-22　堆积面积图

6.2.5　散点图

散点图是通过 X 轴和 Y 轴表现的，是二维数据的分布情况。当散点图的横纵坐标相互独立时（如横坐标是产品市场份额，纵坐标是产品增长速率），散点图可以看成是矩阵，用于多个数据的筛选，如图 6-23 所示。

另一种情况下，散点图的横纵坐标有相关性，比如横坐标是人数，纵坐标是销售汇总，点表示各个门店，如图 6-24 所示。散点图则显示的是数据分布的规律性，最后展现出来的数据往往集中在某一区域内，类似于线性回归。

6.2.6　气泡图

气泡图是由散点图延伸过来的，可以表现三维数据的关系，如图 6-25 所示。

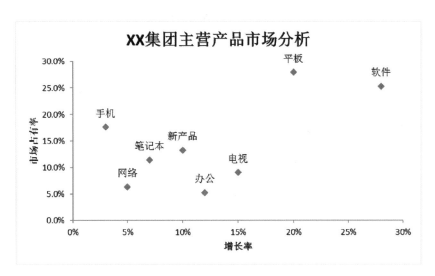

图 6-23　普通散点图示例

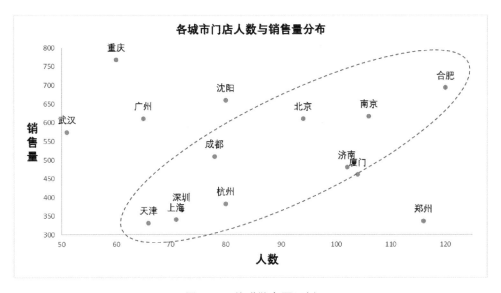

图 6-24　关联散点图示例

一般用气泡面积的大小来表现收入、资产、人数、个数等衡量规模的数据。与散点图类似，气泡图的横纵坐标关系不同，也影响了气泡图展现信息的差异。

在制作散点图和气泡图时，将各点（气泡）的标签标记在图上不太容易做到，推荐使用标签工具 *XY Chart Labeler*，支持从 2003 到 2013 的 Office 版本。

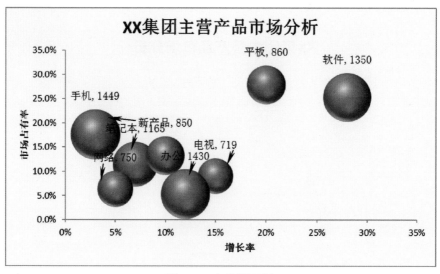

图 6-25　气泡图示例

6.2.7　雷达图

雷达图是一种根据评估项目把圆中心分为相同角度，通过直线轴的高度来表示项目的数值，方便观众判断各项目之间平衡度的图表。多个雷达图叠加，能够很容易地判断出不同的数据主体的各项特征，常常用于表现财务数据指标的对比，如图 6-26 所示。

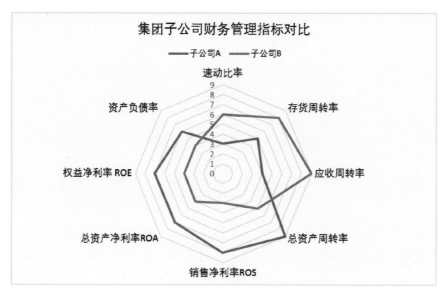

图 6-26　雷达图示例

6.3　Office 2016 版本新增的数据图表

Office 2016 新增了 6 种数据图表，如图 6-27 所示，特别方便工作中快速制作数据图表，下面介绍这些新图表。

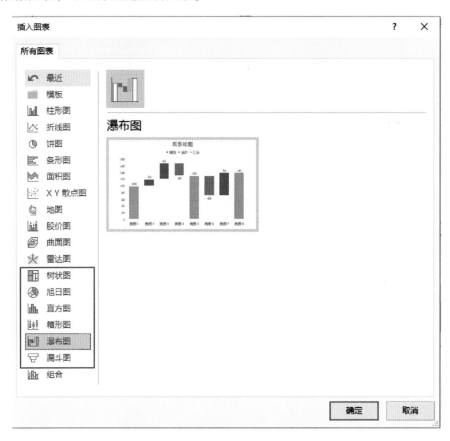

图 6-27　PowerPoint 2016 新增数据图表

6.3.1　树状图

树状图提供数据的分层视图，树分支表示为矩形，每个子分支显示为更小的矩形。树状图用于比较层次结构内的数据相对大小。如图 6-28 所示。

6.3.2　旭日图

旭日图非常适合显示分层数据。层次结构的每个级别均通过一个环或圆形表示，最内层的圆表示层次结构的顶级。如图 6-29 所示。

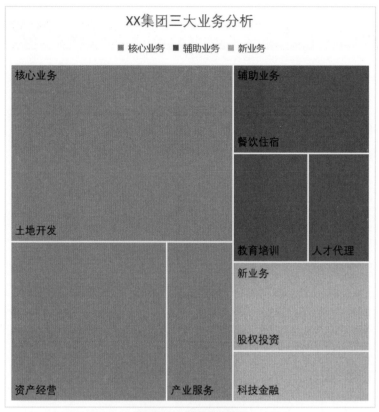

图 6-28　树状图示例

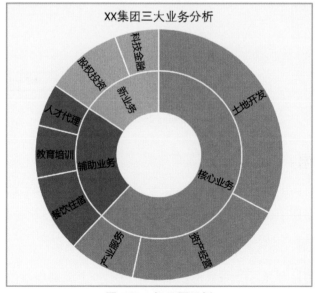

图 6-29　旭日图示例

6.3.3　直方图

直方图由一系列高度不等的柱形表示数据分布的情况，是一种经典的统计报告图，常用于质量管理。如图 6-30 所示。

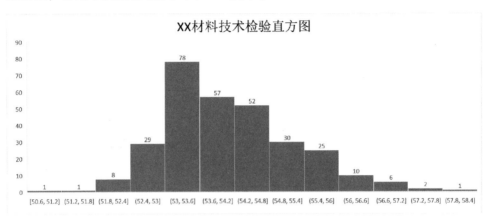

图 6-30　直方图示例

如果按照频率降序排列，并添加累计百分比线，就是帕累托图。帕累托图用于寻找主要问题或影响质量的主要原因，又称为柏拉图。它能够突出显示一组数据中的最大因素，被视为七大基本质量控制工具之一。如图 6-31 所示。

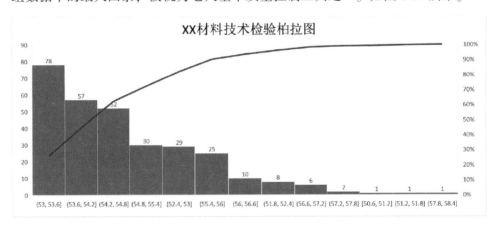

图 6-31　帕累托图示例

6.3.4　箱形图

箱形图又称为盒须图，用于显示一组数据的分散情况统计，是一种常见的统计图表。常用于质量管理、人事测评等。如图 6-32 所示。

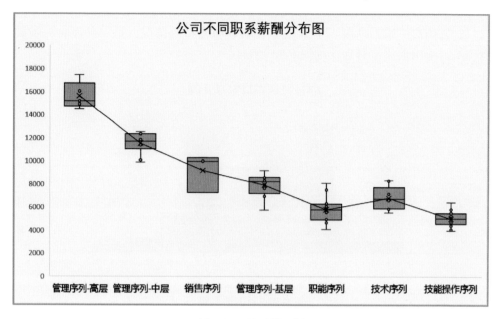

图 6-32　箱形图示例

6.3.5　瀑布图

由柱状图衍生出来的瀑布图，突出强调变化的数值，或者数值之间的加减关系，瀑布图用于表现两个数据之间的变化过程，用途广泛。如图 6-33 所示。

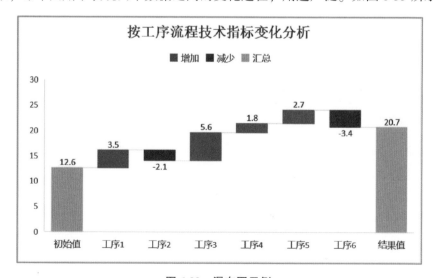

图 6-33　瀑布图示例

6.3.6 漏斗图

漏斗图适用于业务流程比较规范、周期长、环节多的流程分析，通过漏斗各环节业务数据的比较，能够直观地发现和说明问题所在，通常用于转化率比较。如图 6-34 所示。

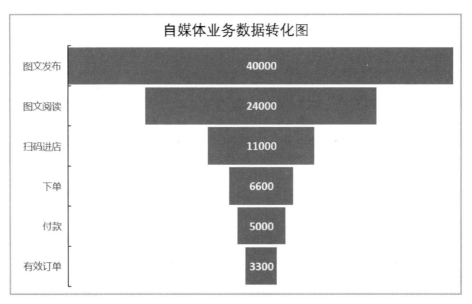

图 6-34 漏斗图示例

如果将 Office 软件升级到最近的 2016 版本或者 Office 365，制作上述 6 类图表就很快速方便。

6.4 常见定性图表

在 PPT 商务报告中要表达对比、进度或重要程度等非数据化信息，就会用到定性图表。这里主要介绍表格、Harvey Ball、甘特图、路径图和泳道图 5 种表现形式。

6.4.1 表格

在 PPT 中，表格的使用一般是针对非数据信息（一般都是定性描述）的展示，以及时间、空间、种类等多个维度的对比，或者在文字描述繁复、重复语句较多的情况下，常用于做对比。

表格也用于不适合做图表的数据列表。如图 6-35 和图 6-36 所示为表格示例。

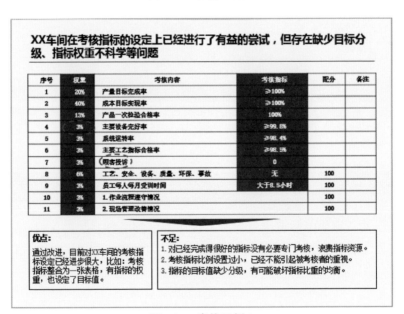

图 6-35 表格示例 1

与行业先进企业相比，XX集团还有很多工作要做

比较因素	标杆企业			XX现状
行业关键成功要素	A企业	B企业	C企业	XX集团
一支高素质的化工专业职工队伍	博、硕、本人才结构合理，各类专业技术人员上千人	博、硕、本人才结构合理，高级职称人员近100人，各类专家20多人	专业技术人员403人，大专及以上学历901人	本硕49人，专科311人
规模实力	合成氨70万吨、尿素100万吨、复合肥100万吨	尿素124万吨及其他	尿素100万吨复合肥20万吨	尿素41万吨、及其他
技术水平	国家级农化服务中心	国家级企业技术中心	国家级技术开发中心	技术中心待建

XX目前属于国内氮肥企业第二集团军，离行业内优秀企业还有不小的差距，离世界优秀的氮肥企业更是差距很大。 挪威的Yara国际公司是世界最大的氮肥生产企业，年生产能力达1600万吨。

XX车间在考核指标的设定上已经进行了有益的尝试，但存在缺少目标分级、指标权重不科学等问题

序号	权重	考核内容	考核指标	配分	备注
1	20%	产量目标完成率	≥100%		
2	40%	成本目标实现率	≥100%		
3	13%	产品一次检验合格率	100%		
4	3%	主要设备完好率	≥99.8%		
5	3%	系统运转率	≥98.4%		
6	3%	主要工艺指标合格率	≥98.5%		
7	3%	《顾客投诉》	0		
8	6%	工艺、安全、设备、质量、环保、事故	无	100	
9	3%	员工每人每月受训时间	大于8.5小时	100	
10	3%	1.作业流程遵守情况		100	
11	3%	2.现场管理改善情况		100	

优点：
通过改进，目前对XX车间的考核指标设定已经进步很大，比如：考核指标整合为一张表格，有指标的权重，也设定了目标值。

不足：
1.对已经完成得很好的指标没有必要专门考核，浪费指标资源。
2.考核指标比例设置过小，已经不能引起被考核者的重视。
3.指标的目标值缺少分级，有可能破坏指标比重的均衡。

图 6-36 表格示例 2

6.4.2 Harvey Ball

作为咨询圈内最经典的定性分析手段之一，Harvey Ball 一直活跃于各种报

告中。Harvey Ball 其实运用了统计学中"四分位数"的概念，将 25 分位、75 分位等概念进行了简化之后，用来比较不同个体之间的差异性。如图 6-37 和图 6-38 所示为 Harvey Ball 示例。

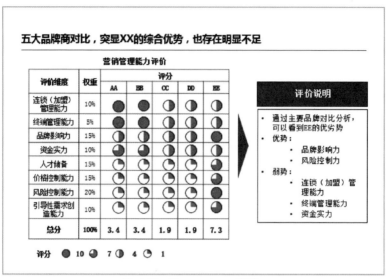

图 6-37　Harvey Ball 示例 1

图 6-38　Harvey Ball 示例 2

6.4.3　甘特图

甘特图即时间表，一般用来规划咨询项目的工作进度，多用于竞标的建议书及项目的最终汇报。甘特图需要写明工作内容、负责人、时间进度及里程碑，便于在项目的进程中追踪进度。如图 6-39 和图 6-40 为甘特图示例。

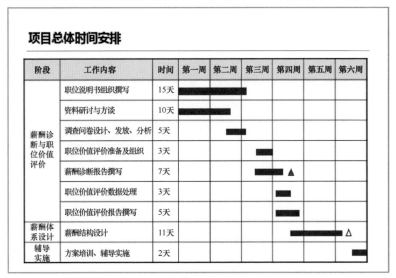

图 6-39　甘特图示例 1

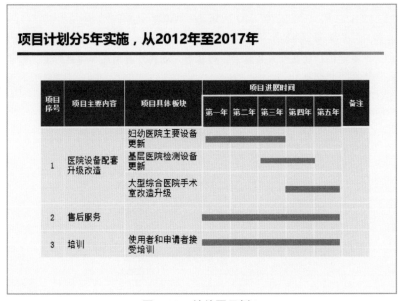

图 6-40　甘特图示例 2

6.4.4　路径图

"路径图"没有统一的名称，也没有约定俗成的形式，一般用于客户规划未来商业战略、系统实施或企业变革等进度。如图 6-41 所示。

图 6-41　路径图示例

6.4.5　泳道图

在与业务流程相关的咨询项目中，常使用泳道图。泳道图能够清晰地体现出某个具体动作发生在哪个部门，将这些业务动作按照职能进行划分。泳道流程图可以用 Visio 软件绘制，也可以在 PPT 页面中直接用形状绘制。如图 6-42 和图 6-43 所示为两种泳道图示例。

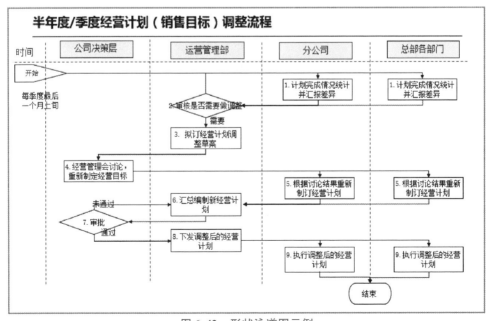

图 6-42　形状泳道图示例

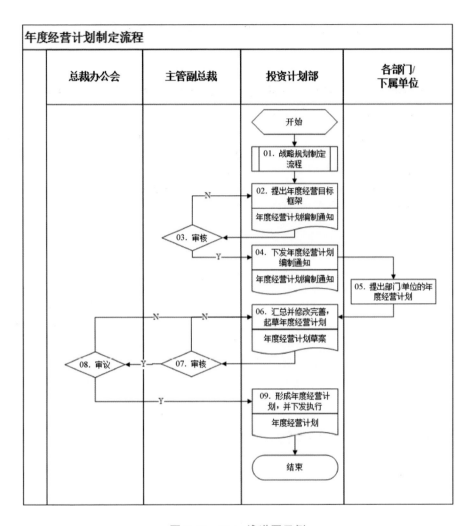

图 6-43 Visio 泳道图示例

6.5 Excel 图表粘贴注意事项

在 PPT 中使用数据图表时，常常要把 Excel 文件中的图表复制到 PPT 页面中。在复制过程中，可能会遇到以下问题：

- 复制过来的图表格式和颜色完全变了。
- Excel 源文件数据变化，图表没有自动更新。

在复制图表时，粘贴好的图表右下角有个"粘贴选项"按钮，当单击"粘贴选项"按钮或者按 Ctrl 键时，会出现图 6-44 所示的 5 个图标。

图 6-44　图表粘贴选项

这 5 个图标代表的含义如表 6-1 所示。

表 6-1　图表粘贴选项说明

图　标	含　义	数据更新
1	使用目标主题和嵌入工作薄	否
2	保留源格式和嵌入工作薄	否
3	使用目标主题和链接数据	是
4	保留源格式和链接数据	是
5	图片	否

如果选择 1 和 2，PPT 中的图表和 Excel 源文件互相独立，有可能会造成 PPT 文件偏大。

如果选择 3 和 4，PPT 中的图表和 Excel 源文件有链接，会根据 Excel 源文件数据的变化而变化，但是格式不会自动更新，只更新数据。

6.6　保存为图表模板

对于工作中常用的图表，建议存成图表模板，方便一键套用模板格式。

1. 保存图表模板

在做好的图表上，单击鼠标右键，选择"另存为模板"命令就可以了，如图 6-45 所示。

要注意的是，图表模板保存的位置最好是默认的位置，如果更改了保存地址，在调用图表模板时会找不到。

2. 调用图表模板

新增图表可以通过"插入"-"图表"-"模板"命令来选择。

更改现有图表类型，可以通过"图表工具"-"设计"-"更改图表类型"-"模板"命令来选择。如图 6-46 和图 6-47 所示。

图 6-45　保存图表模板

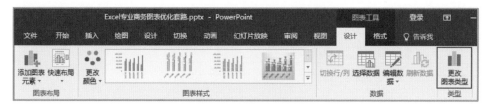

图 6-46　更改图表类型

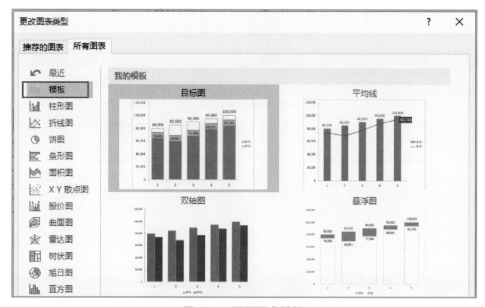

图 6-47　调用图表模板

6.7　图表资源推荐

在设计 PPT 图表的时候，可以参考很多专业资源，这里推荐 3 个常用的期刊或网站资源。

1.《经济学人》杂志（http：//www. economist. com/）

《经济学人》是一份由伦敦经济学人报纸有限公司出版的杂志，创办于 1843 年 9 月，杂志主要关注政治和商业方面的新闻，但是每期也有一两篇针对科技和艺术的报导，以及一些书评。如图 6-48。

2.《商业周刊》

美国《商业周刊》系全球销量第一的商业类杂志，也是全球最大的商业杂志。该刊中文版创刊于 1986 年，由中国商务出版社与美国麦格劳—希尔公司合作出版。如图 6-49 和图 6-50 所示。

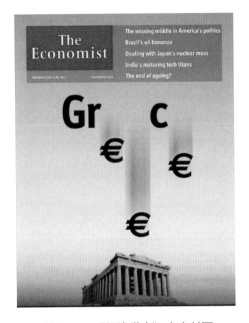

图 6-48　《经济学人》杂志封面

图 6-49　《商业周刊》杂志封面

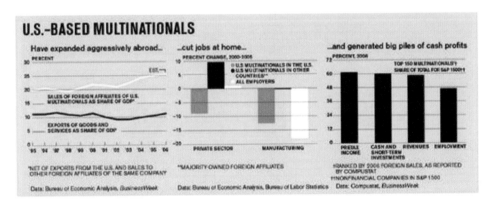

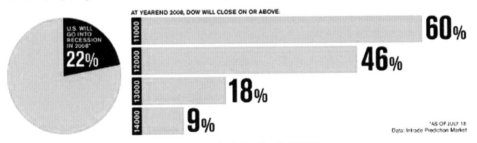

图 6-50　《商业周刊》数据图表

3.网易数读（http：//data.163.com）

网易数读是网易旗下一个用数据展现新闻的专栏。如图 6-51、图 6-52 所示。

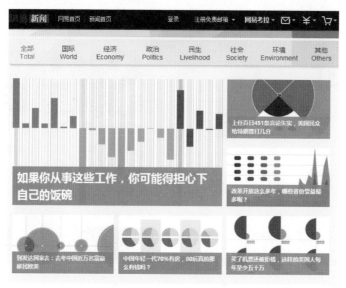

图 6-51　网易数读首页

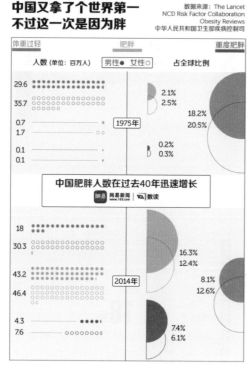

图 6-52　网页数读图表示例 1

第 7 章
风格统一化——定制我的风格

PPT 商务报告的风格统一能够增强辨识度，体现出专业化。要使报告风格统一，除了套用 PPT 主题模板以外，可以通过母版、版式、配色和主题 4 种工具来对 PPT 文件进行优化。

7.1 母版：统一修改相同组件

设置母版是统一风格的第一步。读者可能做过将某个标识或者文字一页一页粘贴的事，但使用幻灯片母版视图，制作 PPT 既效率高又规整，再也不用担心有改动时去修改每一页了。

7.1.1 母版的 3 种类型

PPT 母版分为幻灯片母版、备注母版和讲义母版 3 种类型，编辑 PPT 文件时，主要使用幻灯片母版视图。如图 7-1 所示。

图 7-1　PPT 母版的 3 种类型

通过"视图"-"母版视图"命令来进行设置。如图 7-2 所示。

单击"幻灯片母版"按钮后，就会显示"幻灯片母版"选项卡，在里面可以编辑母版、设置母版版式、编辑主题及背景和编辑幻灯片的大小。如图 7-3 所示。

图 7-2　PPT 母版视图位置

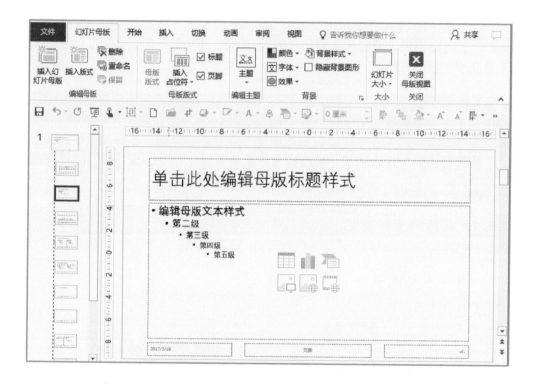

图 7-3　幻灯片母版视图

从名称上能够看出，讲义母版视图和备注母版视图主要针对备注和讲义打印设置。如图 7-4 和图 7-5 所示。

如果要在所有 PPT 页面右上角统一添加公司 LOGO，就可以进入幻灯片母版视图，在最大的"主题母版"上添加，如图 7-6 所示，需要检查"标题母版"和"节标题母版"是否需要做出差异化调整。

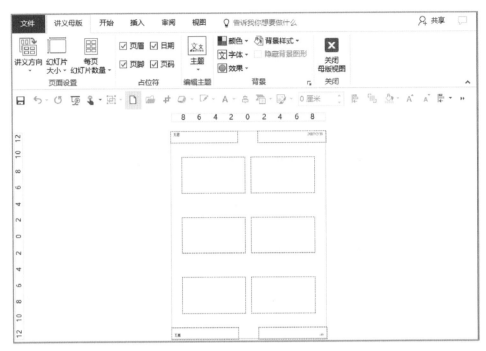

图 7-4　讲义母版视图

图 7-5　备注母版视图

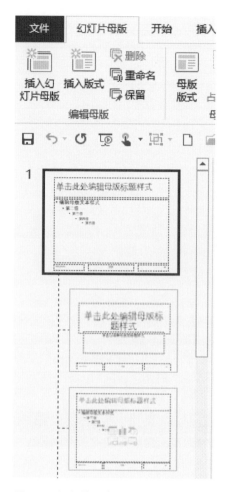

图 7-6　幻灯片母版视图中的主题母版

7.1.2　使用占位符

如果想统一调整字体，需要用到母版视图中的"占位符"。

占位符就是先占住一个固定的位置，再往里面添加内容的符号。在幻灯片中表现为一个虚框，虚框内部往往有"单击此处添加标题"之类的提示语，一旦用鼠标单击之后，提示语会自动消失。在新建幻灯片中常常看到的标题框和正文框，就是占位符，如图 7-7 所示。

占位符就如同一个空置的容器，没有放置内容，但占据了页面一定的空间，它可以在素材还没准备好的情况下提前规划好版面布局，准备好文字、图片、视频等素材后再放入。

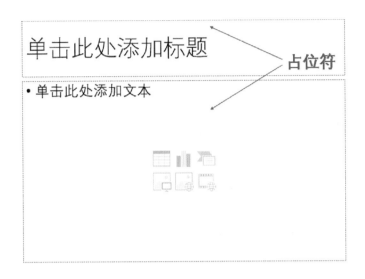

图 7-7　占位符示意

有的人不喜欢这个占位符，会将其全部删掉，然后手动添加文本框。这样操作后，显示效果可能和在占位符中的相同，但是会给后期编辑带来特别多的麻烦。所以建议能用占位符的优先考虑用占位符。

7.2　布局：这样的版式看着舒服

PPT 的版面布局指的是 PPT 中需要展示的各元素，包括文字、图片、表格等在版面上大小、位置的调整，使版面变得清晰、有条理。

7.2.1　布局的原则

不懂得合理布局的演说者，会把所有内容都堆砌到一张幻灯片上，并且重点不突出。幻灯片的不同布局，能给观众带来紧张、困惑及焦虑等不同感受。如果运用以下原则，则可以使信息清晰地呈现，如图 7-8 所示。

图 7-8　PPT 布局的原则

1. 对齐

PPT 上的元素不能随意安放, 应与页面上的其他元素有某种视觉联系, 以建立一个规范的页面。如图 7-9 和图 7-10 所示。

图 7-9　布局对齐示例 1

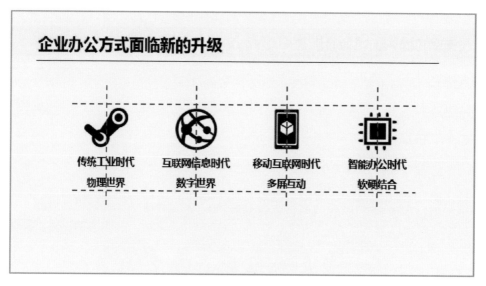

图 7-10　布局对齐示例 2

2. 类聚

把有关联的信息放到一起, 告诉观众这些信息是同一类的或者是有关联的。

如图 7-11 所示。

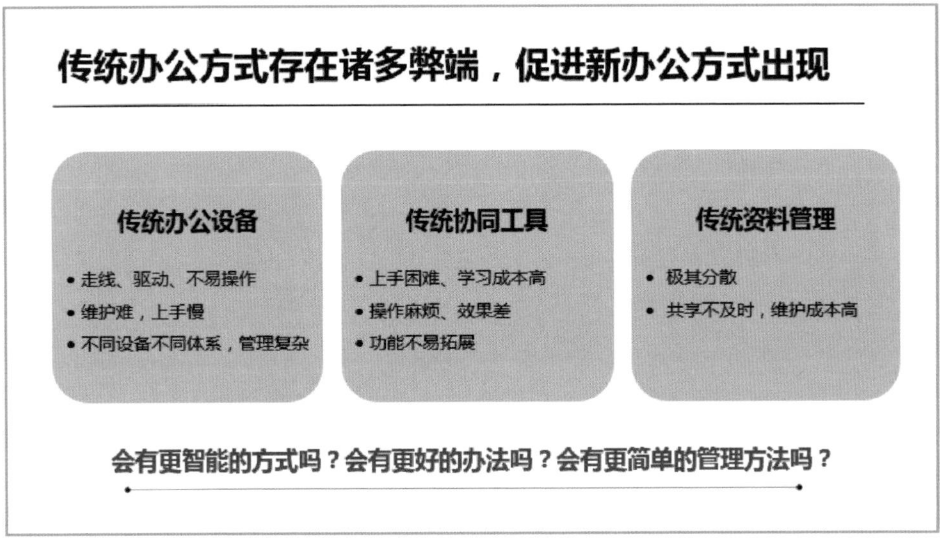

图 7-11　布局类聚示例

3. 重复

让某种元素（字体、配色、符号等）在页面中重复出现，即运用重复原则，统一字体、统一配色、统一符号。如图 7-12 所示。

图 7-12　布局重复示例

4. 平衡

PPT 页面中的元素大致要平衡分布，简单来说，就是不能都偏向于某一个方向，会引起观众产生不适感。如图 7-13 和图 7-14 所示。

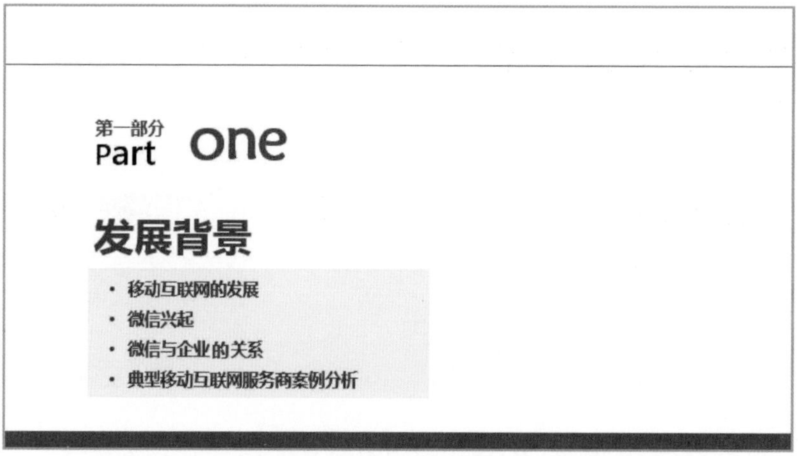

图 7-13　布局平衡示例 1

图 7-14　布局平衡示例 2

7.2.2　常见 8 种版式布局

根据以上原则，以及笔者在软件培训和管理咨询行业的经验，把商务 PPT 版式布局归纳总结了 3 种类型，共 8 种常见版式布局，如图 7-15 所示。

下面给大家展示这 8 种布局样式的商务报告示例。

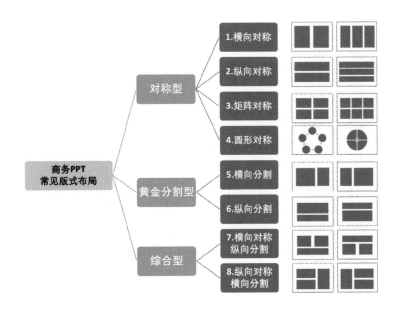

图 7-15　常见 8 种版式布局

1. 横向对称型

横向对称型布局如图 7-16 所示。

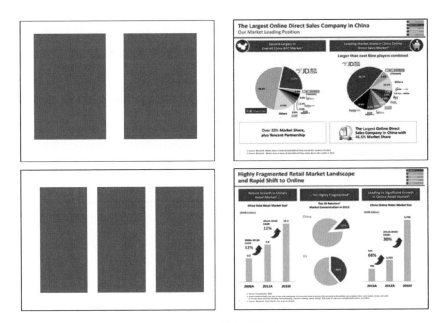

图 7-16　横向对称型

2. 纵向对称型

纵向对称型布局如图 7-17 所示。

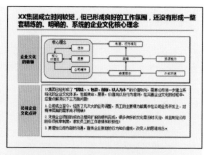

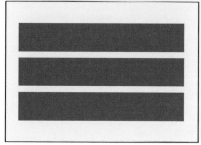
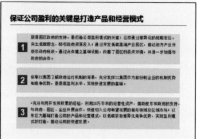

图 7-17　纵向对称型

3. 矩阵对称型

矩阵对称型布局如图 7-18 所示。

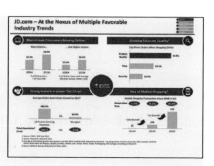

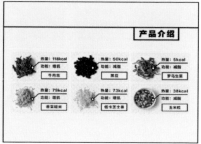

图 7-18　矩阵对称型

4．圆形对称型

圆形对称型布局如图 7-19 所示。

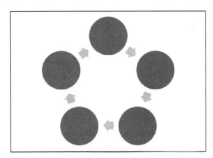

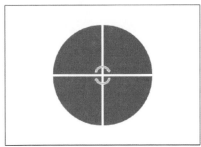

图 **7-19**　圆形对称型

5．横向分割型

横向分割型布局如图 7-20 所示。

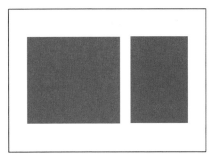

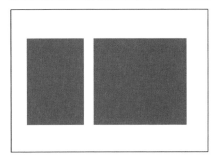

图 **7-20**　横向分割型

6. 纵向分割型

纵向分割型布局如图 7-21 所示。

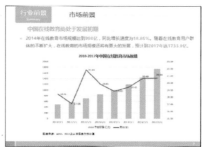

图 7-21　纵向分割型

7. 横向对称纵向分割型

横向对称纵向分割型布局如图 7-22 所示。

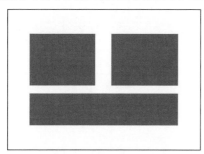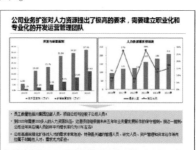

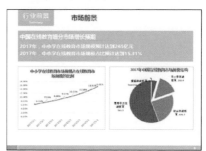

图 7-22　横向对称纵向分割型

8. 纵向对称横向分割型

纵向对称横向分割型布局如图 7-23 所示。

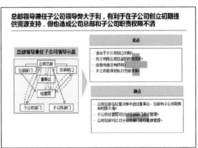

图 7-23　纵向对称横向分割型

这 8 种布局基本满足了职场中商务 PPT 的布局设计，在实际应用中可以根据表达需求和素材情况调整对象的数量。

7.2.3　参考线的使用

在使用 PowerPoint 2016 时，默认会有一种自动出现的参考线。在 PPT 页面中摆放形状、图片等对象时，会自动出现这样的智能参考线，显示自动对齐和等间距，如图 7-24 所示。

图 7-24　智能参考线

那么除了这种参考线，还有没有固定的参考线可以用呢？在 PPT 中的空白区域单击鼠标右键，选择"网格和参考线"-"参考线"命令，如图 7-25 所示。

之后就可以看到 PPT 中出现了两根虚线，这两根虚线是以中心对齐的，如果需要更改参考线的位置，可以按住这根虚线，然后拖动即可，如图 7-26 所示。

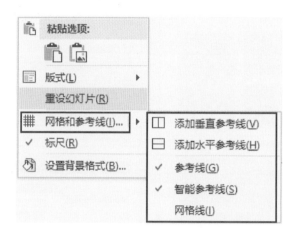

图 7-25　添加参考线

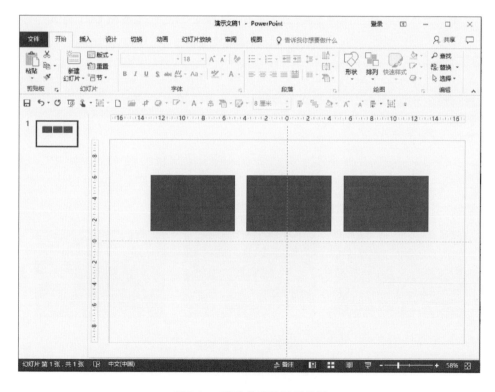

图 7-26　默认参考线显示效果

取了 2×2 的布局结构。

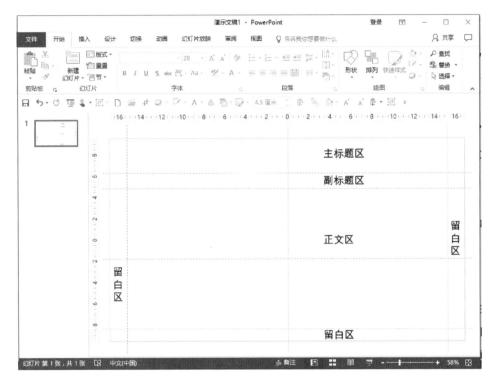

图 7-27　参考线设置 2×2 区域布局

7.2.4　自定义布局

在幻灯片母版视图中，每个默认的幻灯片母版都是一个"团队"，由一个"老大"带着 11 个成员组成，老大是"主题母版页"，成员中有 1 个是"标题母版页"，1 个是"节标题母版页"，余下 9 个是正文母版页。如图 7-28 所示。

幻灯片母版视图中 11 种版式的分类示意如图 7-29 所示。

母版中的占位符主要分为 7 种，如图 7-30 所示。

占位符的编辑需要在幻灯片母版视图中进行，通过对占位符的布局设计，用户可以自定义自己常用的版式布局。如图 7-31 所示为添加占位符命令所在位置。

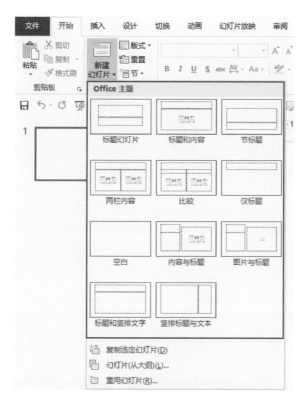

图 7-28　默认的 11 种版式布局

图 7-29　幻灯片母版的 11 种版式分类

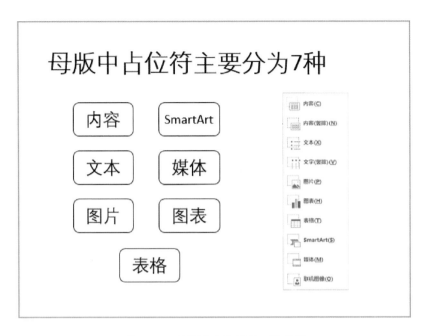

图 7-30　母版中占位符的 7 种分类

图 7-31　添加占位符命令位置

　　假如公司要求 PPT 页面是 2×2 的矩形对称布局，上面是两张照片，下面配文字，而且每页的照片大小和位置固定。如果只是一两页，可以单独进行调整，但要是有很多页面都要求这样的版式，那么就需要依靠占位符来解决这个问题了：可以在幻灯片母版中添加两个图片占位符和两个文本占位符，如图 7-32 所示，并设置上图下文的布局，如图 7-33 所示。

　　如果自定义的版式布局多，建议重新命名，将来调用会比较方便，本例中命名为"上图下文 2×2"，如图 7-34 所示。`

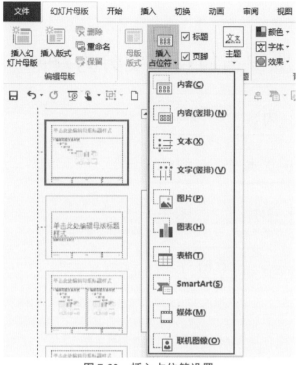

图 7-32　插入占位符设置

单击此处编辑母版标题样式

- 图片

- 图片

- 编辑母版文本样式
  - 第二级
    - 第三级
      - 第四级
        - 第五级

- 编辑母版文本样式
  - 第二级
    - 第三级
      - 第四级
        - 第五级

2017/2/7

 页脚

图 7-33　自定义布局

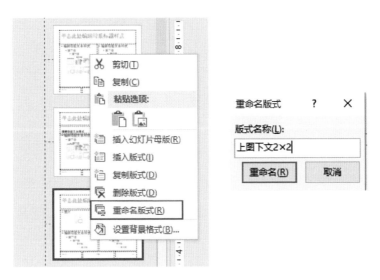

图 7-34　版式重命名

这样通过插入占位符完成的自定义布局样式要怎么使用呢？在正文页面中，只需在左侧缩略图上单击鼠标右键，选择"版式"命令，选择"上图下文 2×2"版式即可，如图 7-35 所示。

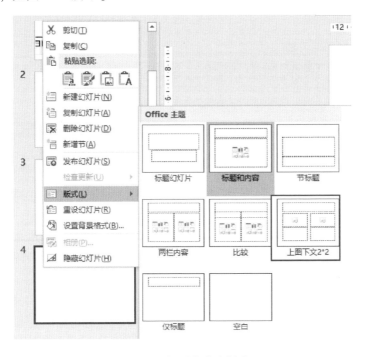

图 7-35　调用自定义版式

幻灯片页面会变成图 7-36 所示的效果，添加图片和对应的文字，可以快速制作如图 7-37 所示的幻灯片效果。

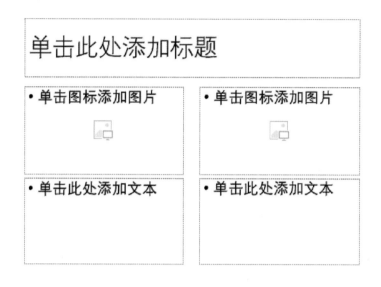

图 7-36　应用自定义版式

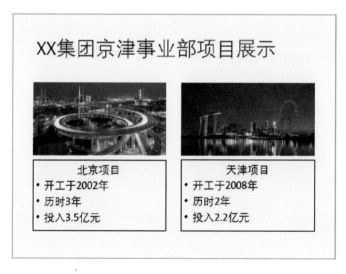

图 7-37　2×2 矩阵，上图下文效果

如果想在其他 PPT 文件中调用该自定义版式布局，可以参考 7.4.2 调用自定义主题一节的内容。

7.3 配色：PPT 商业色彩的秘密

PPT 演示是一门视觉沟通的艺术，色彩在其中的分量举足轻重，但很多朋友在制作 PPT 时的颜色处理上却非常随意，胡乱对付一下完事。作为普通的职场人士，虽然不能（也没有必要）达到专业设计师的水平，但至少也需要重视 PPT 色彩，对色彩有基本的认识。

7.3.1 理解颜色

要理解颜色的使用，可以从颜色盘开始。颜色盘包含 12 种颜色，如图 7-38 所示。

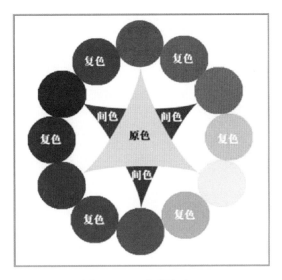

图 7-38 12 色颜色盘 1

颜色盘上的 12 种颜色被分为 3 个组：

–原色：红、蓝和黄，从理论上讲，所有颜色都是由这 3 种颜色混合产生的，又称基本色。

–间色：绿、紫和橙这些颜色通过混合原色形成。

–复色：橙红、紫红、蓝紫、蓝绿、橙黄和黄绿。这些颜色通过混合上述 6 种颜色构成。

从 12 种颜色的位置关系来看，可以分为两组（图 7-39）：

–对比色：相对位置的颜色，又称为补色，补色的强烈对比可产生动态效果。

–近似色：相邻的颜色被称为近似色，每种颜色具有两种（在颜色盘上位于其两侧的）近似色，使用近似色可产生和谐统一的效果，因为两种颜色都包含第三种颜色。

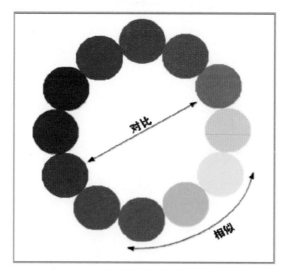

图 7-39　12 色颜色盘 2

黑、白、灰跑哪儿去了？这 3 个又叫无彩色的颜色，也可以通过三原色混合得到。除此之外的颜色，都是有彩色。

有时间可以多看看知名企业网站，它们都有共同点，网站配色方案和企业的 VI（视觉设计）一致，VI 中最明显的就是企业 LOGO。所以在很多企业中，商务 PPT 的配色方案也和 LOGO 颜色一致。

以 AC 尼尔森市场研究公司为例。公司最新 LOGO 是天蓝色的，搭配灰色。他们对外发布的 PPT 报告，也基本遵循蓝色主色原则，如图 7-40 所示。

图 7-40　尼尔森报告配色

7.3.2　PPT 配色两大原则

商务 PPT 的风格是专业、严谨，太多的颜色不仅给人花哨轻浮的感觉，而且会影响受众的信息接收。

商务 PPT 的配色可以遵循两大原则。

1. 不超过 3 种颜色原则

在一个 PPT 报告里，从头到尾最好不要有超过 3 种以上大块的颜色。当然，特定的行业和主题除外（比如广告传媒和创意设计）。

2. 主色 + 辅色 + 强调色原则

在一个 PPT 里，如果要用到多种颜色，一定要明确主色、辅色和强调色。

主色面积较大，主宰整体画面的色调，是给人整体印象的色彩；辅色运用于过渡、平衡色彩、丰富色彩层次等；强调色面积最小，用于一些细节，比如标题强调、图表强调和背景线条等。

7.3.3　咨询公司 PPT 配色

咨询公司的 PPT 很有代表性，下面就带你一起看看吧。

1. 罗兰贝格（RolandBergerStrategy Consultants）

主色调为深青色，与 LOGO 颜色一致，水绿色为辅助色，并点缀橙色，如图 7-41 所示。

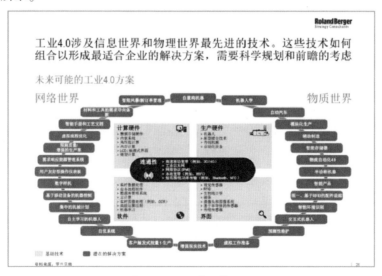

图 7-41　罗兰贝格 PPT

2. 麦肯锡咨询公司（McKinsey & Company）

麦肯锡咨询公司的 VI 选用的是深蓝色，PPT 选用的是蓝色，从颜色关系上看，属于同一色系，所以是单色设计，如图 7-42 所示。

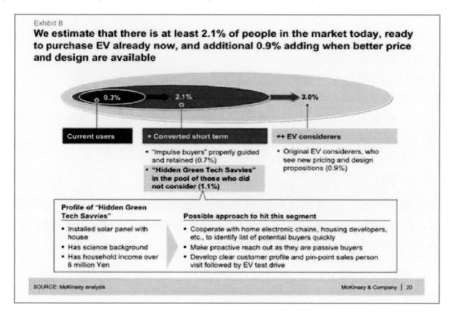

图 7-42　麦肯锡咨询公司 PPT

3. 波士顿咨询公司（BCG）

波士顿咨询公司 PPT 如图 7-43 所示。

图 7-43　波士顿公司 PPT

其配色当然也与 VI 一致。公司 LOGO 是墨绿色的单色设计，所以 PPT 模板中前后贯穿的都是墨绿色。从颜色的关系来看，采用的是单色设计。墨绿色是深色调的，显得暗淡，强调色是暖色调的深橙色。

4. 北大纵横管理咨询公司（Allpku）

北大纵横管理咨询公司网站截图如图 7-44 所示。

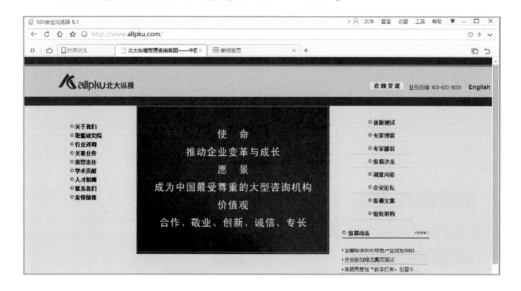

图 7-44　北大纵横管理咨询公司网站截图

北大纵横管理咨询公司的网站整体的配色以深蓝色为主色调，LOGO 和 PPT 模板的主色调也都是深蓝色的。PPT 配色如图 7-45 所示。

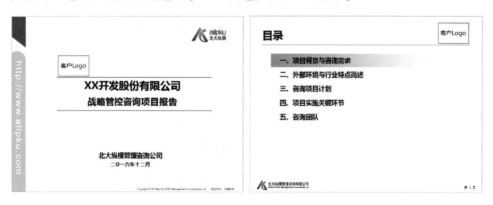

图 7-45　北大纵横 PPT 配色

对于咨询行业，单色设计永远是第一选择，主要存在着蓝、绿、红 3 种主色。蓝色是大多数咨询公司首选的颜色，黑色和灰色是百搭色，也是最保险的颜色，如果确定了主色，不知道怎样搭配其他颜色，就可以使用灰色或者黑色。

7.3.4　配色工具推荐

1. 配色网（http：//www. peise. net/）

配色网首页如图 7-46 所示。

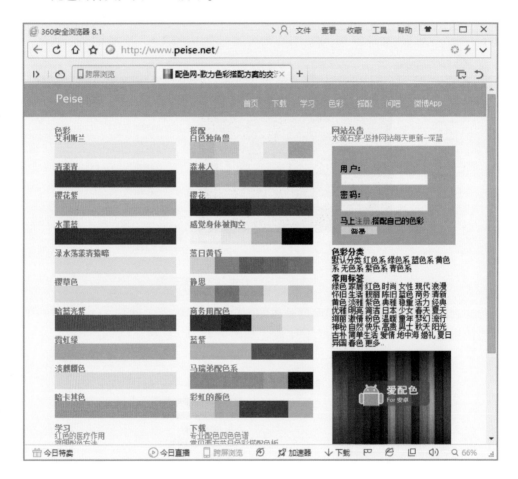

图 7-46　配色网首页

配色网可以调用专业的配色工具 Color Scheme Designer 进行单色、互补色和矩形搭配等设置，如图 7-47 所示。

2. 千图网（http：//www. 58pic. com/peise/）

千图网配色工具、印象配色和智能配色分别如图 7-48、图 7-49 和图 7-50 所示。

图 7-47　配色设置

图 7-48　千图网配色工具

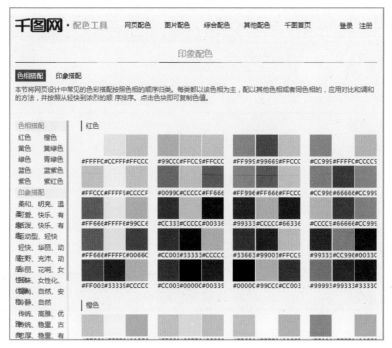

图 7-49　千图网印象配色

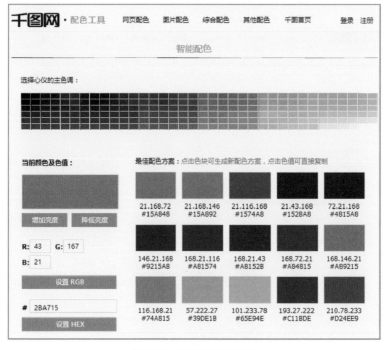

图 7-50　千图网智能配色

7.4　主题：设置自己的模板

了解了 PPT 的母版、布局和配色后，如果制作 PPT 经常操作这三项会比较烦琐，能不能把自己最常用的风格保存下来，以后一键调用呢？这就需要使用"主题"功能。

7.4.1　保存主题文件

在设置好母版、布局和配色后，可以把设置好的主题风格保存下来，选择"设计"-"主题"-"保存当前主题"命令即可，如图 7-51 所示。

图 7-51　保存当前主题

在弹出的保存窗口中输入主题文件的名字，建议不要更改保存位置，否则系统不能自动显示刚刚保存的主题，如图 7-52 所示。

7.4.2　调用自定义主题

按快捷键 Ctrl + N 新建一个幻灯片，测试一下方法是否有效。

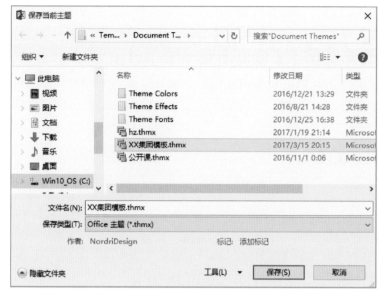

图 7-52　主题保存窗口

在"设计"选项卡中的"自定义"组中，出现了刚才保存的"XX 集团模板"，如图 7-53 所示。

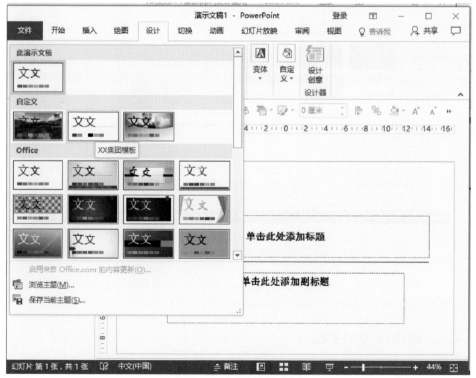

图 7-53　调用自定义主题

　　单击选择该模板后，新文档就快速套用了经常用到的主题模板，如图 7-54 所示。

　　还可以通过"文件"-"新建"-"自定义"命令，显示刚刚保存的主题文件，直接单击即可使用，如图 7-55 所示。

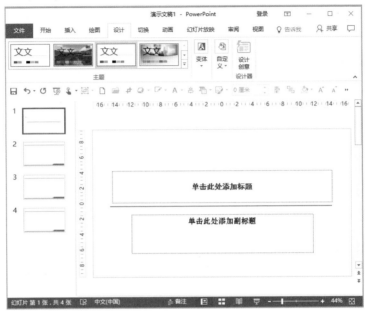

图 7-54　调用自定义主题效果

图 7-55　从自定义主题新建文档

第 8 章
演示动态化——使用动画特效

每个人都无法同时感知所有元素,并非 PPT 中的所有内容全部呈现给观众,观众就能完全接受。通过 PPT 动画,让观众一次只关注一部分元素,也可以让页面中的元素按照指定路径运动,实现某个原理或操作的动态展示。让幻灯片动起来,通过动画可以实现 PPT 演示的两大作用:引导观众、突出重点。

8.1 动画效果设置

在 PowerPoint 2016 中,"动画"选项卡如图 8-1 所示。

图 8-1 "动画"选项卡

在 PPT 中主要有 4 种动画效果。

1. 进入效果

进入动画效果设置如图 8-2 所示。

图 8-2 进入动画效果设置

2. 强调效果

强调动画效果设置如图 8-3 所示。

图 8-3　强调动画效果设置

3. 退出效果

退出效果动画设置如图 8-4 所示。

图 8-4　退出动画效果设置

4. 自定义路径

自定义路径动画效果设置如图 8-5 所示。

图 8-5　自定义路径效果设置

如果显示的效果不能满足你的工作要求，还可以选择最下方的更多效果，如图 8-6 所示。

★　更多进入效果(E)…
★　更多强调效果(M)…
★　更多退出效果(X)…
☆　其他动作路径(P)…
✿　OLE 操作动作(O)…

图 8-6　更多动画效果

比如选择"更多进入效果"命令，会发现"进入效果"还分为基本型、细微型、温和型和华丽型 4 种，如图 8-7 所示。

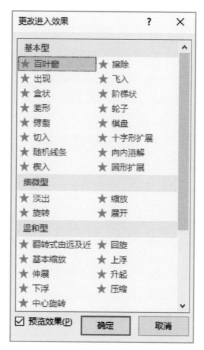

图 8-7　更多进入效果

8.1.1　动画计时

动画的开始方式有 3 种：单击时、与上一动画同时和上一动画之后，如图 8-8 所示。

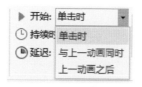

图 8-8　动画开始设置

通过设置持续时间长短，可以控制动画的快慢；设置延迟时间，可以控制动画衔接的时间间隔，如图 8-9 所示。

图 8-9　动画持续和延迟时间设置

8.1.2 动画窗格

如果要对同一个对象添加多个动画，只能通过"添加动画"命令来实现，如图 8-10 所示。

图 8-10 添加动画

如果为同一个对象添加了多个动画，可以打开"动画窗格"，右侧会列出添加的动画的列表，从上到下是添加动画的先后顺序，如图 8-11 所示。

在"动画窗格"中，可以上下调整列表中动画的顺序。双击动画，会出现"效果"和"计时"选项卡进行具体设置，如图 8-12 所示。

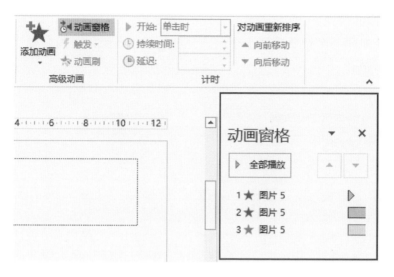

图 8-11　动画窗格

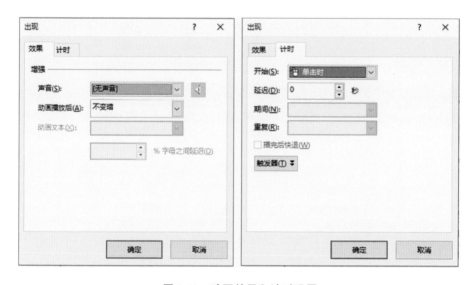

图 8-12　动画效果和计时设置

8.1.3　复制动画

从 PowerPoint 2010 开始增添了"动画刷▌"工具，用它可以轻松快速地复制动画，对不同对象设置相同的动画特效，如图 8-13 所示。

选择已经设置好动画的对象，选择"动画"-"高级动画"-"动画刷"命令，然后单击想要应用相同动画效果的某个对象，则两者动画效果完全相同，再次单击"动画刷"按钮之后动画刷就没有了，鼠标恢复正常状态，再次使用还需要再次单击"动画刷"按钮。

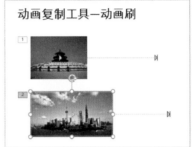

图 8-13 动画刷应用示例

和"格式刷"一样，双击"动画刷"按钮后可以多次应用动画刷。

8.2 SmartArt 动画，依次显示流程图

用 SmartArt 工具快速制作了一张流程图，如图 8-14 所示。

图 8-14 SmartArt 业务流程

如果希望在 PPT 放映时，从"采购"到"服务"这 5 个环节依次显示，这样可以做到每个环节显示正好和演讲的内容匹配，这样的动画怎么设置呢？

1）添加动画"出现"，如图 8-15 所示。

图 8-15 为 SmartArt 图形添加动画

2）设置"效果选项"为"逐个"，如图 8-16 所示。

图 8-16　SmartArt 图形动画效果设置

播放动画后的效果如图 8-17 所示。

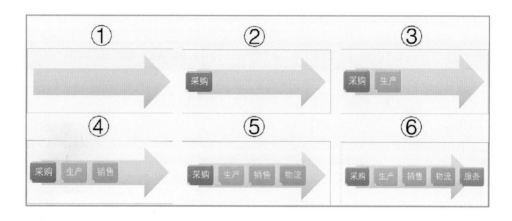

图 8-17　SmartArt 动画播放效果

8.3　图表动画，实现分颜色上涨

在 PowerPoint 中，图表也可以添加动画，而且并不仅仅是把它整个当成一张图片来添加动画的，它能真正地实现动态图表动画。可以让柱形图"涨"上来，有没有很心动呢？下面以图 8-18 所示的销售数据表为例讲解操作步骤。

1）为图表添加动画"擦除"，如图 8-19 所示。

2）设置"效果选项"为"按系列"或者"按类别"，如图 8-20 所示。

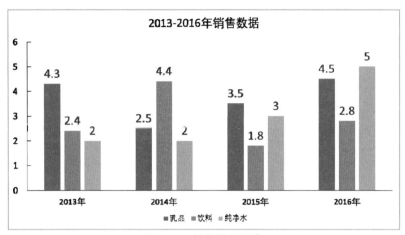

图 8-18　销售数据图表

图 8-19　为图表添加动画"擦除"

图 8-20　"按系列"和"按类别"

"按系列"可以理解成按产品（颜色）依次向上展示；"按类别"可以理解成按年份（横轴）依次向上展示。如图 8-21 所示为图表动画播放效果。

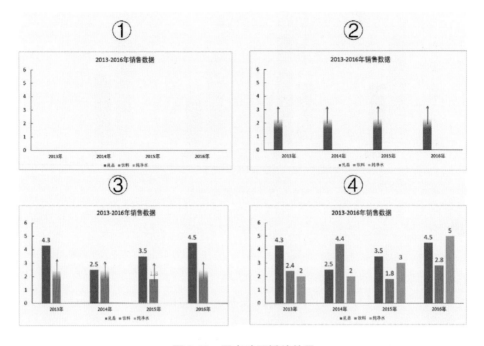

图 8-21　图表动画播放效果

折线图和条形图就可以设置成自左向右的擦除效果。

8.4　平滑切换，圆形渐变成三角形

平滑切换是 PowerPoint 2016 新增的切换功能，如图 8-22 所示，有的版本叫变体或变形，该功能最大的炫酷之处就是可以对不同形状进行变形。如果软件中没有这项功能，那么可以考虑升级 Office 了。

图 8-22　平滑切换的位置

对于同一形状和不同形状的变形，采用的方法也不同，如图 8-23 所示。

图 8-23　同一形状的变形

对同一形状的变形，只需复制幻灯片并拖动圆形改变其位置，也可以调整形状的大小，如图 8-24 所示。

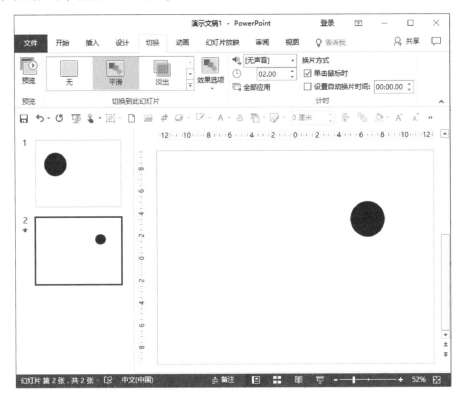

图 8-24　同一形状平滑设置

在第 2 页设置切换效果为"平滑"即可，实现圆形从左到右逐渐变小的效果，如图 8-25 所示。

对于不同形状的变形，需要使用形状的布尔运算才可以。下面将带有圆形和三角形的 PPT 页面复制一份，如图 8-26 所示。

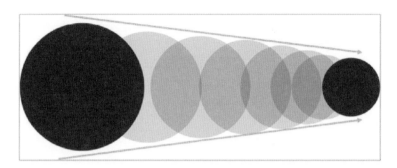

图 8-25　圆形从左到右逐渐变小的效果示意

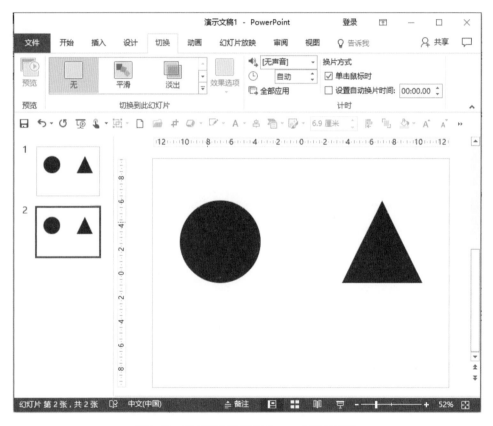

图 8-26　不同形状变形操作——复制幻灯片

　　在第一页中，使用圆形对三角形进行"剪除"算法（先选择圆形，再选择三角形），第二页使用三角形对圆形进行"剪除"算法（先选择三角形，再选择圆形），如图 8-27 所示。

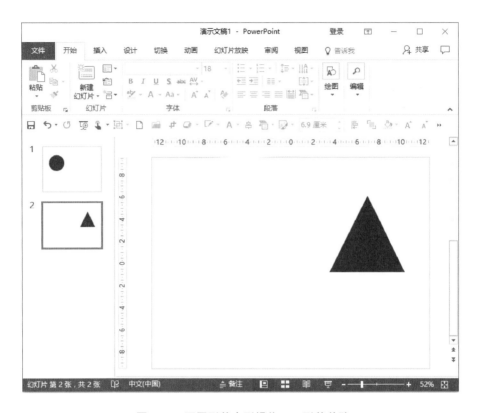

图 8-27　不同形状变形操作——形状剪除

再对第二页添加"平滑"切换，此时就可以看到，圆形已经可以顺利变成三角形了，如图 8-28 所示。

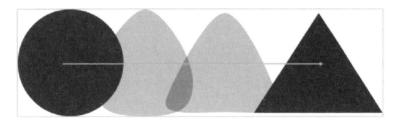

图 8-28　不同形状变形示意

第 9 章
演示呈现——放映自如流畅

PPT 的演示是和演讲一起传递给观众的，即使 PPT 文档制作得美观清晰，糟糕的演示也会让你前功尽弃。本章主要介绍演示的准备、快捷方式、链接定位和双屏播放等技巧，能让读者自如流畅地展示 PPT 报告。

9.1 演示前准备工作

为了保证演示顺利进行，在做 PPT 演示前，建议做好准备工作，如表 9-1 所示总结了从文件、设备和演讲 3 个方面如何进行准备。

表 9-1　演示准备工作列表

演 示 准 备	具 体 内 容	主 要 建 议
文件准备	打印版文件	• 正式版装订文件 • 打印讲稿文件
	演示电子文件	• PPT 文件 • U 盘 • 在线网盘 • PDF 文件 • 链接文件
设备准备	演示设备	• 投影仪 • 电视
	输入接口	• VGA 接口 • HDMI 接口 • 无线 WPS 软件
	翻页激光笔	
	麦克风、音箱	

（续）

演 示 准 备	具 体 内 容	主 要 建 议
演讲准备	演讲紧张	• 资料准备齐全 • 提前熟悉内容
	活跃气氛准备	• 小故事 • 小问题 • 小礼物
	担心漏掉演讲内容	• 可以双屏播放

9.2　放映快捷方式

很多人在放映 PPT 报告的时候，不断地单击鼠标右键，去做屏幕标记。这样很容易把观众的思路打断，建议记住一些常用的快捷键，可以让你在放映报告时候更轻松，也不会打断观众的思路。

下面对常用的快捷键做了整理，如图 9-1 所示。

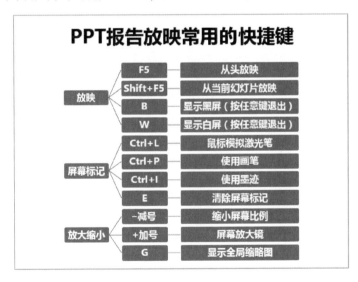

图 9-1　PPT 报告放映常用的快捷键

9.3　超链接定位：跳转到其他 PPT 页面或文件

在放映 PPT 报告的时候，如果需要转到其他的文件（Word 文件、Excel 文件、PDF 文件等），或者要转换到 PPT 文件内其他的页面，都需要用到超链接的功能，如图 9-2 所示。

图 9-2　超链接应用的对象

　　在 PPT 页面对象上，单击鼠标右键，选择"超链接"命令，可以插入超链接，如图 9-3 所示。超链接可以是文档、网页，也可以是本 PPT 文档的指定页面。

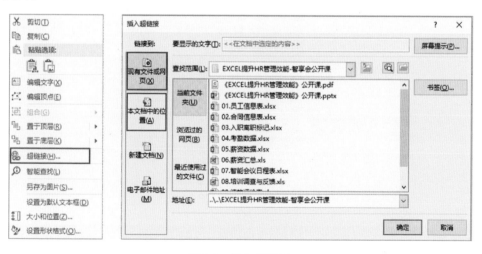

图 9-3　插入超链接

　　超链接在 PPT 放映状态下才可以跳转。

如果为文本添加超链接，就会发现文本变颜色了，如图 9-4 所示。

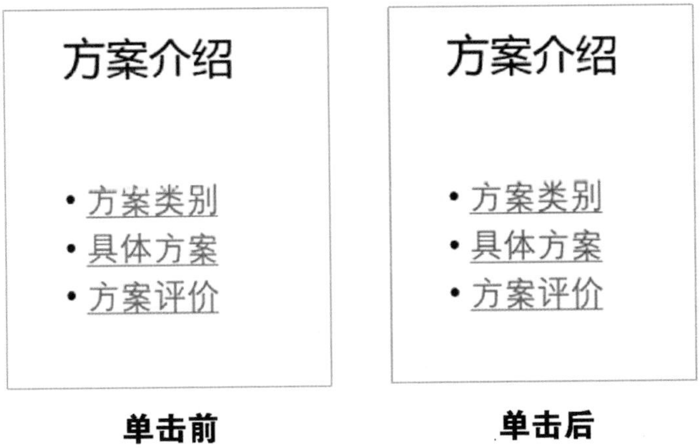

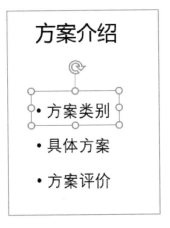

图 9-4 超链接变颜色

最简单的解决办法是在文字上添加形状，无颜色填充，无轮廓，为该形状添加超链接即可，如图 9-5 所示。

图 9-5 为文字添加超链接不改颜色

9.4 文件打包：超链接文件快速收集

超链接可以让我们在 PPT 放映时快速定位，如果定位的是外部文件，在把 PPT 文件发给对方时，对方单击这个超链接是跳转不了的，因为对方计算机中没有这个文件。所以一个 PPT 报告通过超链接定位了几个文件，想让对方在他的计算机里也能成功跳转，在发送时需要把这几个文件一起打包发给对方。

很多人认为"打包"就是把相关文件和 PPT 文件一起复制到一个文件夹中，然后修改对应的超链接。

其实，可以使用 PowerPoint 自带的打包功能，选择"文件"-"导出"命令，就会看到"将演示文稿打包成 CD"选项，如图 9-6 所示。

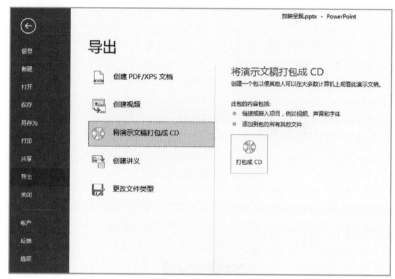

图 9-6　PPT 文件打包设置

单击"打包成 CD"按钮，单击"添加"按钮，继续添加其他 PPT 文档，不需要添加超链接的文件，系统会自动添加。如果不想刻录成 CD，可以单击"复制到文件夹"按钮，如图 9-7 和图 9-8 所示。

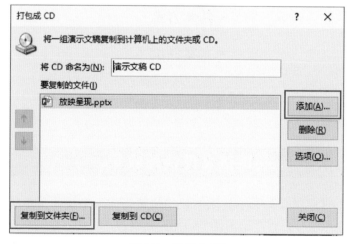

图 9-7　打包成 CD

图 9-8　打包到文件夹

此时会有信息提示，如果想自动包含超链接文件，单击"是"按钮即可，如图 9-9 所示。

图 9-9　PPT 打包提示

打开文件夹后，如图 9-10 所示，已经自动包含了超链接的 Word 文档，并自动更改了此 PPT 文档的超链接。

图 9-10　打包文件夹内容

这才是真正的"打包"，把这个文件夹发给对方就可以了。

9.5　嵌入文件：多文件合体

如果不想先打包 PPT 文档，再发送文件夹，可以考虑使用文件嵌入的功能，把相关的文件嵌入到 PPT 文档中，最终发给对方一个 PPT 文档就可以。

比如需要在如图 9-11 所示的文字右边嵌入一个财务测算的 Excel 文档。

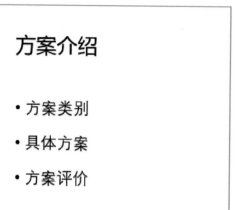

图 9-11　嵌入文件示例 1

单击"插入"选项卡"文本"选项组中的"对象"按钮。

图 9-12　"对象"按钮

在弹出的对话框中选择"由文件创建"单选按钮，然后单击"浏览"按钮，选中需要插入的文档，单击"确定"按钮，如图 9-13 所示。

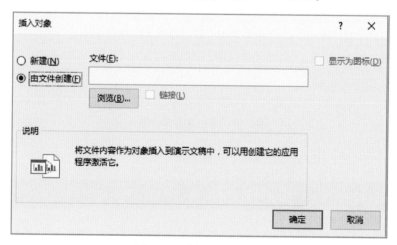

图 9-13　选择嵌入的文件

选中"显示为图标"复选框，然后单击"更改图标"按钮。

图 9-14　显示为图标

将标题更改为"财务测算数据"，再单击"确定"按钮。

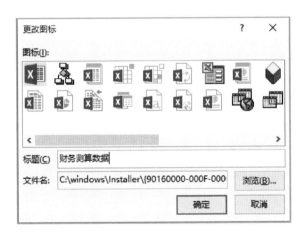

图 9-15　更改图标和标题

这样 Excel 文档就导入进来了，如图 9-16 所示。

现在还需要双击文档图标打开文档，在 PPT 放映状态下是打不开这个 Excel 文件的。还需要给这个图标添加"打开"的动作。

选中"财务测算数据"图标，选择"插入"-"动作"命令，如图 9-17 所示。

在"对象动作"下拉列表中选择"打开"选项即可，如图 9-18 所示。

图 9-16　嵌入文件效果

图 9-17　添加动作

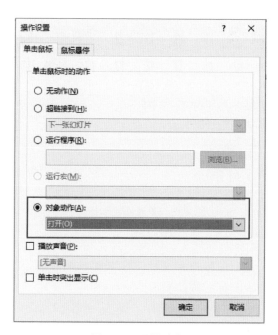

图 9-18　设置动作

PPT 文档放映后的界面如图 9-19 所示。

图 9-19　文件嵌入的放映效果

这样就可以在 PPT 放映状态下，单击 Excel 文件图标，直接打开该 Excel 文件。如果直接把 PPT 文档发送给对方，对方也可以做同样的操作，不必打包多个文件了。

同样会带来的问题是，PPT 文档中嵌入文件过多，会导致 PPT 文档变得很大。

9.6　缩放定位：快速制作摘要缩略图并跳转

Prezi 的 zoom 非常酷炫，缩放效果在演示中非常精彩。2016 年 7 月，微软 PowerPoint 2016 也更新了这一功能，新增加了"缩放"功能。这一功能的推出，意味着 PPT 也将具有类似于 Prezi 的缩放展示这一特效。

缩放指的是在 PPT 页面中创建其他页面的缩略图时，可以轻松跳转到特定幻灯片或者分区部分。缩放定位有 3 种类型，分别是摘要缩放定位、节缩放定位、幻灯片缩放定位，如图 9-20 所示，三者有细微区别。

图 9-20　缩放类型

快速制作缩放定位的方法是，从左侧 PPT 缩略图直接拖到当前页面即可，如图 9-21 所示。

或者在"插入幻灯片缩放定位"对话框中，从列表框中选择，如图 9-22 所示。

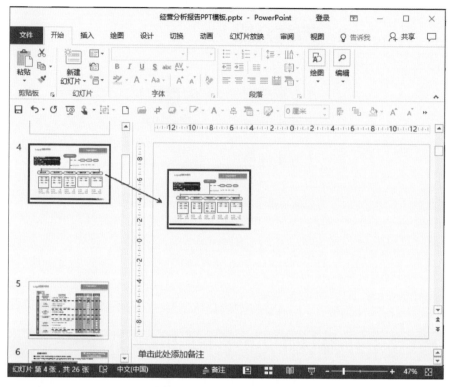

图 9-21　拖动制作缩放摘要

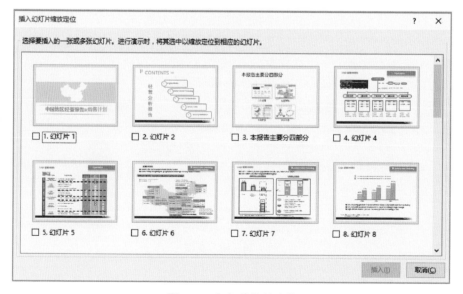

图 9-22　幻灯片缩放定位

都可以做出如图 9-23 所示的缩略图目录，并能实现快速跳转。

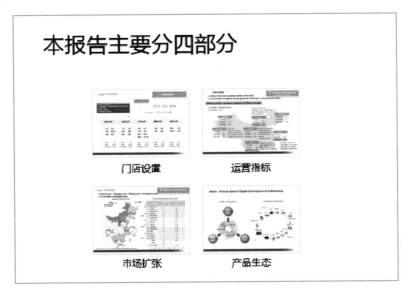

图 9-23　缩放摘要示例

如果幻灯片已经分节，可以插入节缩放定位和摘要缩放定位。

节缩放定位只显示每节首页的 PPT 页面，让用户来选择，如图 9-24 所示。

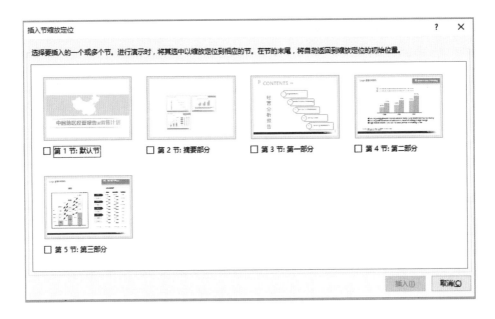

图 9-24　节缩放定位

摘要缩放定位会自动选择每节的首页 PPT，如图 9-25 所示。当然也可以自由选择，介于节缩放定位和幻灯片缩放定位。

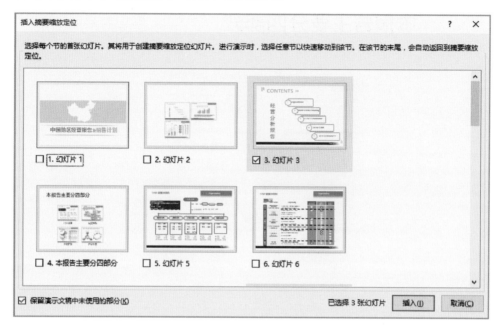

图 9-25　摘要缩放定位

9.7　双屏播放，让你也有"最强大脑"

平常在使用投影进行教学或演讲的时候使用的都是复制模式（计算机上显示什么，投影布上就显示什么），这里和大家分享一种双屏播放模式，计算机与投影屏幕上显示不同内容的方法。

要实现双屏播放的前提是，需要设置计算机为"屏幕扩展"，可以使用快捷键"Win + P"。如图 9-26 所示为屏幕扩展设置。

选择"扩展"表示将投影仪作为计算机的扩展屏幕，屏幕的右半部分会显示在投影仪上，此选择方便在投影的同时，在计算机上可进行其他操作而不影响投影的内容，比如在演讲时可记录笔记。

接下来是 PPT 放映设置，在"幻灯片放映"选项卡中的"监视器"组，选中"使用演示者视图"复选框，"监视器"设为"自动"或"第二监视器"。如图 9-27 所示。

这样，演讲者就能看到 PPT 页面的备注内容了，能给演讲者提示主要思路和重要数据，真正让演讲者告别"照本宣科"。如图 9-28 所示。

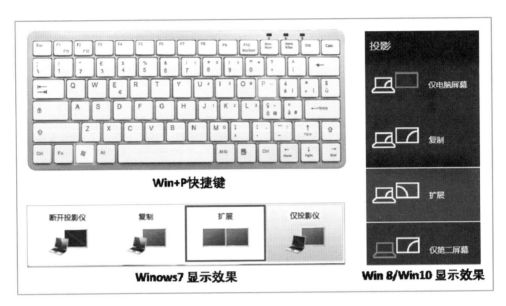

图 9-26 屏幕扩展设置

图 9-27 演示者视图设置

图 9-28 演示者视图效果

第 10 章
演讲与沟通——体现个人魅力

演示汇报的 PPT 资料已经完成，演示呈现也没有问题了，接下来就是现场演讲了。谈到公众演讲，很多人会感到恐惧，因为有可能遇到下面这样的问题：

1）在公众面前发言紧张，大脑一片空白。

2）见到陌生人、领导，内心恐惧。

3）因为口才不好，面试竞岗惨遭失败。

4）身为领导和管理人员却害怕公众演讲。

5）因为不善表达，事业发展遇到瓶颈。

克服公众演讲问题的方法有很多，相关的书籍也不少。本章结合商务 PPT 汇报的场景，提供一些建议。

10.1 开场白

"好的开始是成功的一半"，这句话用在商业演讲上再恰当不过了。听众尤其是商业听众的注意力比我们想象的要差很多。现实情况就是，在上场前一秒，听众可能还在给秘书打电话，还在用手机看自己的股票，还在和身边新认识的朋友聊天，还在思考着下一场会议的发言，或者还在想这个演讲什么时候能结束。所以作为演讲者要做的就是，在开场的前 90 秒钟就抓住听众的注意力。没看错，是开场的前 90 秒钟。事实证明，只有好的演讲开场，才能帮助听众更好地理解接下来的演讲内容，从而达到更好的演讲效果和目的。

为了吸引并保持听众注意力，下面给大家介绍 5 种经典开场白，如图 10-1 所示。

图 10-1　5 种常见开场白

10.2　声音的运用

好的演讲是要通过声音把自己要传递的内容表现出来。声音是语言的物质外壳，是传递信息的一种物质载体。而使演讲艺术有效的根本形式就是有声语言。没有声音，演讲自然也就不复存在了。声音语言比书面语言更为丰富，因为它表达的不仅仅是思想，而且还表达思想所产生的情绪与感情。

常常听到人说讲半个小时嗓子就很难受。若是讲一上午、一整天或者连续几天，估计更完成不了。其实汇报演讲和讲课，真的不是在用嗓子"喊"，建议从以下 5 个方面多多练习。

1. 科学发声

演讲一般都需要持续很长时间，演讲者如果没有掌握科学的发声方法，就很容易造成声音沙哑、有气无力。因此学习科学的发声方法是演讲者最基本的训练。

保护自己，运用腹式呼吸，降低声带的受力。人通过振动声带发出声音，当声带高强度振动时间过长时，血管就会大量充血，导致声带病变，比如声带小结，这对演讲者来说是一件很恐怖的事情。所以演讲者在演讲中要运用恰当的方法保护声带。

当人站立时，吸气时腹部收缩，吐气时腹部扩张；当人处于最自然的平躺状态时，吸气时腹部扩张，吐气时腹部收缩。其中，第二种呼吸方式是腹式呼吸，能够降低声带的用力点，防止声带太过疲劳，是科学的呼吸法。

2. 选择声调

最容易让听众接受的声调是中音，而不是高音或低音。这是因为中音区非常平稳，人们的听觉更能有效接受；高音容易让人感觉刺耳；低音容易让听众感觉费力，进而分神。所以在演讲时，演讲者要尽量使自己的声音处于中音段。

3. 变化语速

演讲没有标准语速，在演讲中，语言的速度要根据情节变化，忽快忽慢，快中有慢、慢中有快，从而达到错落有致的效果。这样的语速才充满魅力与感情，才能显得灵活而富有生气，才能真正吸引听众。

4. 控制音量

把握演讲音量有一个原则：让所有听众都能够轻松地听到声音，不能让听众感到费力。因此，当会场有话筒时，音量不必很大；如果没有话筒，演讲者就必须加大音量。加大音量是一把双刃剑：坏处是会对声带带来一定的损害，好处是可以刺激自己进入更兴奋的状态。所以演讲者应该慎重运用加大音量，把握好适度原则。

5. 抑扬顿挫

演讲须注意掌握表达的节奏，达到抑扬顿挫的效果。这对演讲者来说是一个很高的要求，所以需要勤加训练。

10.3　姿势与动作

演讲脱胎于舞台剧表演，所以演讲者在演讲时需要有一定程度的表演。这种表演必须自然亲切，寻求和听众内心的互动，让听众理解与接受自己。

1. 学会发挥表情的威力

演讲时要灵活运用表情，表现不同的精神状态。表情要与语速、语调、语气、手势、眼神默契配合，尽可能真实而充分地表现出演讲者的内心世界。

发挥表情威力的基本要求是具有亲和力，但演讲者切不可始终如一地微笑，而要根据演讲情节的发展，时而愤怒，时而沮丧，时而兴奋，时而真诚。这样就可以在传递信息的同时传递情绪，从而说服听众。

2. 学会使用眼神

眼睛看到哪里，影响力就到哪里。演讲者要随时改变视角，尽可能关注到每一个角落，让听众感觉受到关注，从而增加听众对演讲者的亲近感与信任感。也要注意，和一位听众眼神接触不要超过 3 秒钟。

3. 学会动"手"

演讲需要一只手拿话筒，另一只手则有时会闲着无事，这时手应该放在最自然的位置——大腿外侧。

除此之外，演讲者动"手"做手势时需要注意以下几点：

第一，动作大一点，不要畏首畏尾；

第二，速度慢一点，不要显得匆忙；

第三，幅度大一点，要自然大方；

第四，手要有力一点，用手臂带动手势，用手腕带动手势则会显得小气。

4. 学会动"身"

演讲时演讲者需要"身动"，不能一直站着或者坐着不动。走动意味着演讲者暂时放弃讲台，放弃权威，但同时可以增加与听众的亲和力，所以演讲者必须设法"走近"听众。

演讲者动"身"时需要注意以下两点：

第一，可以采取倒退或者侧步的方式回到讲台，不要让观众看到自己的背面；

第二，缓慢移动步伐，无须保持步伐和语速一致。

这里列举了 4 种会让听众失去兴趣，或印象不深的肢体语言。训练自己避免出现这些问题，你就会看到：小变化可以有大不同！

1）错误 1：逃避眼神接触。

你是简单地念 PPT 而不是向观众介绍吗？在一对一的谈话中，你是盯着一旁、脚下或前面的桌子吗？你从未看过聊天对象肩膀以上的部位吗？这些都说明你缺乏自信心、紧张和准备不足。

技巧：看着你的听众。用 80% ~ 90% 的时间看着听众的眼睛。绝大多数的人花太多时间看笔记、幻灯片或身前的桌子，而很多人在看了自己的谈话录像后，可以立刻改变这一行为。成功的商业人士在传递信息时，是直接看着听众的眼睛的。

2）错误 2：把手放在口袋中或手指纠缠。

把手拘谨地放在身体两侧或塞在口袋里给人的印象是——你提不起兴趣，不想参与或你很紧张，不论你到底是或不是。

解决它的办法很简单：从口袋里拿出你的手，做一些有决心的、果断的手势。保持两手高于腰部是一个很好的做法。这是个复杂的手势，反映了复杂的思想，并给了听众对说话人的信心。

3）错误 3：站着、坐着不动。

效率低的发言者几乎不动，从头到尾都站在同一个地方。这反映了他们很死板、紧张、沉闷、没有魅力和活力。

技巧：激活你的身体，而不是幻灯片，多走动。大多数演讲者都认为自己需要笔直地站在一个地方。其实移动不仅是可接受的，而且是受欢迎的。一些伟大的商业演讲者会走到观众中，并不停地走动，但走动并非漫无目的。

4）错误4：无精打采，后仰或驼背。

这些姿态往往与缺乏自信联系起来，说明演讲者没有权威，缺乏信心。

小技巧：保持抬头挺胸。在站立时，双脚打开与肩同宽，身体稍向前倾。这样就会让人更投入，更有热情。肩膀略向前，这会显得演讲者更有气概。头与身体要直立，不要靠在桌子或讲台上。

有活力、有感染力的肢体语言会帮助演讲者提升演讲的表现力。所以改进肢体语言，如同注意说话一样去重视它，你的影响力将飙升！

10.4　如何结束

人们对哪部分的谈话内容记忆最深刻呢？答案是最后听到的内容。但是却很少有人愿意在结尾上花更多心思去雕琢。若是轻描淡写地草草收场，结果可想而知；如果费尽口舌发表长篇大论，也很快就会被人们遗忘。要想让人对你的演讲印象深刻，那么结尾必须像开场一样气势磅礴、掷地有声。

1. 总结式

结束语是一个对全篇演讲内容的高度概括。但这并不等于老调重弹，而应该增加一些新的观点和元素，从而形成一个具有真正意义的总结。

如果演讲的目的是为了向听众传递信息，那么这种概述性总结是非常合适且必要的。通过重复你的观点，可以帮助听众理解前面他们没有完全领会的信息，从而加深对演讲的印象。

2. 号召式

如果在演讲时，已经告诉听众你希望得到他们怎样的回应，那么现在你要做的就是让他们兴奋起来，用行动对你的号召做出最好的呼应。只要增强自己的语气，例如："现在，让我们大家做好准备，投入到活动中吧！"也不失为一种激起听众参与热情的实用话术。

3. 故事式

演讲结束时，讲一个有深意的故事，这会让听众对你的演讲产生意犹未尽的感觉。同时利用故事所蕴含的更深层次的含义，升华演讲内容，让听众深刻体会演讲的意义。

4. 诗词式

诗词的气势是使演讲升华的最好工具，因为有的诗词气势磅礴，气吞山河。在结尾的时候适当地引入诗词会增强演讲的感染力，也给人一种回味无穷的感觉。

第 11 章
模型、图示与插件

本章主要把商务 PPT 报告中常用的分析模型、图示形状和软件插件做了汇总和推荐，方便大家在制作 PPT 报告时使用。

11.1　7 种商务分析模型

1. PEST 宏观分析模型

PEST 分析是常用的宏观环境的分析工具，在分析一个企业所处的宏观环境的时候，通常是通过这 4 个因素来进行分析的，如图 11-1 所示。

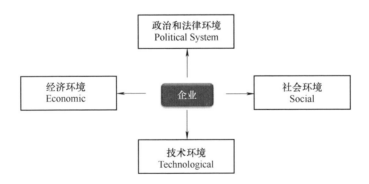

图 11-1　PEST 宏观分析模型

2. 波特五力分析模型

波特的五力分析模型被广泛应用于很多行业的战略制定。他认为在任何行业中，无论是国内还是国际，无论是提供产品还是提供服务，竞争的规则都包括在 5 种竞争力内。这 5 种竞争力就是企业间的竞争、潜在新竞争者的进入、替代品的开发、供应商的议价能力、购买者的议价能力。这 5 种竞争力决定了企业的营利能力和水平。如图 11-2 所示。

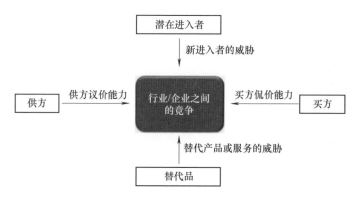

图 11-2　波特 5 力分析模型

3. SWOT 分析模型

SWOT 是 Strength、Weakness、Opportunity、Threat 四个英文单词的缩写，这个模型主要是通过分析企业内部和外部存在的优势和劣势、机会和挑战来概括企业内外部研究结果的一种方法。如图 11-3 所示。

4. 平衡记分卡模型

平衡记分卡是从财务、客户、内部运营、学习与成长 4 个角度，

图 11-3　SWOT 分析模型

将组织的战略落实为可操作的衡量指标和目标值的一种绩效管理体系。如图 11-4 所示。

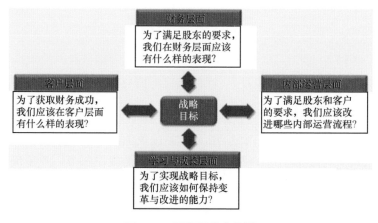

图 11-4　平衡记分卡模型

5. 波士顿分析矩阵

波士顿分析矩阵是由波士顿公司提出的，这个模型主要用来协助企业进行业务组合或投资组合。如图 11-5 所示。

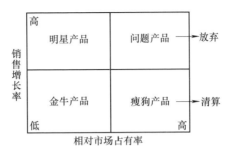

图 11-5 波士顿分析矩阵

矩阵坐标轴的两个变量分别是业务单元所在市场的增长程度和所占据的市场份额。每个象限中的企业处于根本不同的现金流位置，并且应用不同的方式加以管理，这样就引申出公司如何安排其总体业务组合。

6. 鱼骨图分析模型

鱼骨图由日本管理大师石川馨先生所发明，故又名石川图。鱼骨图是一种发现问题"根本原因"的方法，也可以称为"Ishikawa"或者"因果图"。其特点是简捷实用，深入直观。如图 11-6 所示。

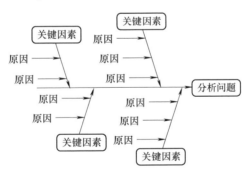

图 11-6 鱼骨图分析模型

7. PDCA 循环模型

PDCA 是英语单词 Plan（计划）、Do（执行）、Check（检查）和 Action（纠正）的第一个字母，PDCA 循环就是按照这样的顺序进行管理的，并且循环不止地进行下去的科学程序。最早由休哈特于 1930 年构想，后来被美国质量管理专家戴明博士在 1950 年再度挖掘出来，并加以广泛宣传，运用于持续改善产品质量的过程，又称戴明环。如图 11-7 所示。

现在常常用于绩效管理和工作总结改进的过程中。

图 11-7　PDCA 循环模型

11.2　8 类商务 PPT 图示

1. 并列关系

强调对象之间的平等关系，如图 11-8 所示。

图 11-8　并列关系

2. 结果关系

强调由几个部分推出一个结论或者对象，如图 11-9 所示。

图 11-9　结果关系

3. 递进关系

强调几个不同发展阶段的发展脉络，如图 11-10 所示。

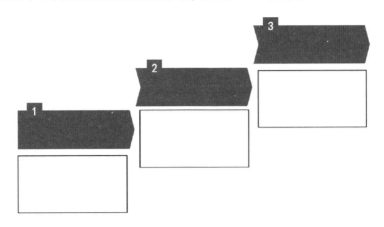

图 11-10　递进关系

4. 调整关系

强调业务方向的调整变化，如图 11-11 所示。

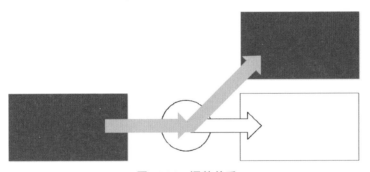

图 11-11　调整关系

5. 冲突关系

强调两个或几个对象之间的矛盾关系，如图 11-12 所示。

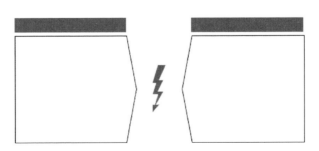

图 11-12　冲突关系

6. 联动关系

强调关联关系中对象的同步变化性，如图 11-13 所示。

图 11-13　联动关系

7. 循环关系

强调几个对象的循环变化，如图 11-14 所示。

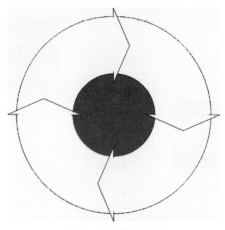

图 11-14　循环关系

8. 流程关系

强调各关联的操作过程发生的先后顺序，如图 11-15 所示。

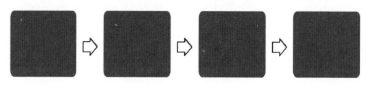

图 11-15　流程关系

11.3　4 款 PPT 插件推荐

如果想提升 PPT 制作效率，除了掌握 PowerPoint 软件中的工具和技巧，还可以用 PPT 插件快速设计制作。使用插件的前提是你的计算机允许安装软件，并且有管理员权限。这里推荐比较知名的 4 款插件。

1. OneKeyTools（http：//oktools. xyz/）

OneKeyTools 是一款免费开源的 PowerPoint 第三方平面设计辅助插件，功能涵盖了形状、调色、三维、图片处理、辅助功能等方面。如图 11-16 所示。

图 11-16　OnKeyTools

2. NordriTools（http：//www. nordritools. com/）

NT 插件是由 Nordri 公司开发的 PPT 插件，功能强大，简单易上手，属于一键式操作。

图 11-17　NordriTools

3. Pocket Animation（http：//www. papocket. com/）

动画必备插件，功能强大，此插件主要致力于简化 PPT 设计过程，一方面有丰富的相关动画的功能操作，另一方面其动画库的设计，既可以容纳众功能、众库，也可以实现快速分享，一键式功能、一键式入库及一键式分享。如图 11-18 所示。

图 11-18　Pocket Animation

4. PPT 美化大师（http：//meihua. docer. com/）

PPT 美化大师最大的特点就是有海量在线模板素材，包括专业模板、精美图示、创意画册、实用形状等，一键导出普通图片和长图片。如图 11-19 所示。

图 11-19　美化大师